周期表

族→ 周期↓	10	11	12	13	14	15	16	17	18
1									4.003 2**He** ヘリウム $1s^2$ 24.59
2				10.81 5**B** ホウ素 $[He]2s^2p^1$ 8.30　2.0	12.01 6**C** 炭素 $[He]2s^2p^2$ 11.26　2.5	14.01 7**N** 窒素 $[He]2s^2p^3$ 14.53　3.0	16.00 8**O** 酸素 $[He]2s^2p^4$ 13.62　3.5	19.00 9**F** フッ素 $[He]2s^2p^5$ 17.42　4.0	20.18 10**Ne** ネオン $[He]2s^2p^6$ 21.56
3				26.98 13**Al** アルミニウム $[Ne]3s^2p^1$ 5.99　1.5	28.09 14**Si** ケイ素 $[Ne]3s^2p^2$ 8.15　1.8	30.97 15**P** リン $[Ne]3s^2p^3$ 10.49　2.1	32.07 16**S** 硫黄 $[Ne]3s^2p^4$ 10.36　2.5	35.45 17**Cl** 塩素 $[Ne]3s^2p^5$ 12.97　3.0	39.95 18**Ar** アルゴン $[Ne]3s^2p^6$ 15.76
4	58.69 28**Ni** ニッケル $[Ar]3d^84s^2$ 7.64　1.8	63.55 29**Cu** 銅 $[Ar]3d^{10}4s^1$ 7.73　1.9	65.38 30**Zn** 亜鉛 $[Ar]3d^{10}4s^2$ 9.39　1.6	69.72 31**Ga** ガリウム $[Ar]3d^{10}4s^2p^1$ 6.00　1.6	72.63 32**Ge** ゲルマニウム $[Ar]3d^{10}4s^2p^2$ 7.90　1.8	74.92 33**As** ヒ素 $[Ar]3d^{10}4s^2p^3$ 9.81　2.0	78.97 34**Se** セレン $[Ar]3d^{10}4s^2p^4$ 9.75　2.4	79.90 35**Br** 臭素 $[Ar]3d^{10}4s^2p^5$ 11.81　2.8	83.80 36**Kr** クリプトン $[Ar]3d^{10}4s^2p^6$ 14.00　3.0
5	106.4 46**Pd** パラジウム $[Kr]4d^{10}$ 8.34　2.2	107.9 47**Ag** 銀 $[Kr]4d^{10}5s^1$ 7.58　1.9	112.4 48**Cd** カドミウム $[Kr]4d^{10}5s^2$ 8.99　1.7	114.8 49**In** インジウム $[Kr]4d^{10}5s^2p^1$ 5.79　1.7	118.7 50**Sn** スズ $[Kr]4d^{10}5s^2p^2$ 7.34　1.8	121.8 51**Sb** アンチモン $[Kr]4d^{10}5s^2p^3$ 8.64　1.9	127.6 52**Te** テルル $[Kr]4d^{10}5s^2p^4$ 9.01　2.1	126.9 53**I** ヨウ素 $[Kr]4d^{10}5s^2p^5$ 10.45　2.5	131.3 54**Xe** キセノン $[Kr]4d^{10}5s^2p^6$ 12.13　2.7
6	195.1 78**Pt** 白金 $[Xe]4f^{14}5d^96s^1$ 8.61　2.2	197.0 79**Au** 金 $[Xe]4f^{14}5d^{10}6s^1$ 9.23　2.4	200.6 80**Hg** 水銀 $[Xe]4f^{14}5d^{10}6s^2$ 10.44　1.9	204.4 81**Tl** タリウム $[Xe]4f^{14}5d^{10}6s^2p^1$ 6.11　1.8	207.2 82**Pb** 鉛 $[Xe]4f^{14}5d^{10}6s^2p^2$ 7.42　1.8	209.0 83**Bi** ビスマス $[Xe]4f^{14}5d^{10}6s^2p^3$ 7.29　1.9	(210) 84**Po** ポロニウム $[Xe]4f^{14}5d^{10}6s^2p^4$ 8.42　2.0	(210) 85**At** アスタチン $[Xe]4f^{14}5d^{10}6s^2p^5$ 9.5　2.2	(222) 86**Rn** ラドン $[Xe]4f^{14}5d^{10}6s^2p^6$ 10.75
7	(281) 110**Ds** ダームスタチウム $[Rn]5f^{14}6d^97s^1$	(280) 111**Rg** レントゲニウム $[Rn]5f^{14}6d^{10}7s^1$	(285) 112**Cn** コペルニシウム $[Rn]5f^{14}6d^{10}7s^2$	(278) 113**Nh** ニホニウム $[Rn]5f^{14}6d^{10}7s^2p^1$	(289) 114**Fl** フレロビウム $[Rn]5f^{14}6d^{10}7s^2p^2$	(289) 115**Mc** モスコビウム $[Rn]5f^{14}6d^{10}7s^2p^3$	(293) 116**Lv** リバモリウム $[Rn]5f^{14}6d^{10}7s^2p^4$	(293) 117**Ts** テネシン $[Rn]5f^{14}6d^{10}7s^2p^5$	(294) 118**Og** オガネソン $[Rn]5f^{14}6d^{10}7s^2p^6$

ランタノイド

152.0 63**Eu** ユウロピウム $[Xe]4f^76s^2$ 5.67　1.2	157.3 64**Gd** ガドリニウム $[Xe]4f^75d^16s^2$ 6.15　1.2	158.9 65**Tb** テルビウム $[Xe]4f^96s^2$ 5.86　1.2	162.5 66**Dy** ジスプロシウム $[Xe]4f^{10}6s^2$ 5.94　1.2	164.9 67**Ho** ホルミウム $[Xe]4f^{11}6s^2$ 6.02　1.2	167.3 68**Er** エルビウム $[Xe]4f^{12}6s^2$ 6.11　1.2	168.9 69**Tm** ツリウム $[Xe]4f^{13}6s^2$ 6.18　1.2	173.0 70**Yb** イッテルビウム $[Xe]4f^{14}6s^2$ 6.25　1.1	175.0 71**Lu** ルテチウム $[Xe]4f^{14}5d^16s^2$ 5.43　1.2

アクチノイド

(243) 95**Am** アメリシウム $[Rn]5f^77s^2$ 6.0　1.3	(247) 96**Cm** キュリウム $[Rn]5f^76d^17s^2$ 6.09　1.3	(247) 97**Bk** バークリウム $[Rn]5f^97s^2$ 6.30　1.3	(252) 98**Cf** カリホルニウム $[Rn]5f^{10}7s^2$ 6.30　1.3	(252) 99**Es** アインスタイニウム $[Rn]5f^{11}7s^2$ 6.52　1.3	(257) 100**Fm** フェルミウム $[Rn]5f^{12}7s^2$ 6.64　1.3	(258) 101**Md** メンデレビウム $[Rn]5f^{13}7s^2$ 6.74　1.3	(259) 102**No** ノーベリウム $[Rn]5f^{14}7s^2$ 6.84　1.3	(262) 103**Lr** ローレンシウム $[Rn]5f^{14}6d^17s^2$

新基礎化学実験

化学教科書研究会 編

化学同人

執 筆 者

代表元 浦上　　忠　関西大学名誉教授（化学生命工学部）　工学博士
　　　　　　　　　　　（1970年関西大学大学院工学研究科博士課程修了）

　　　　　浅井　　彪　前関西大学准教授（化学生命工学部）　理学博士
　　　　　　　　　　　（1971年大阪大学大学院理学研究科博士課程単位取得退学）

　　　　　荒地　良典　関西大学教授（化学生命工学部）　博士（工学）
　　　　　　　　　　　（1996年三重大学大学院工学研究科修士課程修了）

　　　　　白岩　　正　関西大学名誉教授（化学生命工学部）　工学博士
　　　　　　　　　　　（1974年関西大学大学院工学研究科修士課程修了）

　　　　　辰巳　正和　前関西大学教授（化学生命工学部）　工学博士
　　　　　　　　　　　（1971年関西大学工学部応用化学科卒業）

　　　　　田村　　裕　関西大学教授（化学生命工学部）　工学博士
　　　　　　　　　　　（1983年大阪大学大学院工学研究科博士後期課程修了）

　　　　　中林　安雄　関西大学教授（化学生命工学部）　学術博士
　　　　　　　　　　　（1984年神戸大学大学院自然科学研究科博士課程修了）

　　　　　宮田　隆志　関西大学教授（化学生命工学部）　博士（工学）
　　　　　　　　　　　（1989年神戸大学大学院工学研究科修士課程修了）

　　　　　矢野　将文　関西大学准教授（化学生命工学部）　博士（理学）
　　　　　　　　　　　（1997年大阪市立大学理学研究科後期博士課程退学）

まえがき

　化学は，物質や材料を研究する学問である．つまり，物質や材料の構造，性質，反応について学び，さらに物質や材料の変化を明らかにするものである．人類は長い歴史のなかで，衣食住にかかわる分野から，生物学や医学の分野にいたるまで，さまざまな物質や材料をつくりだしてきた．これらの物質や材料は，私たちに高い生活水準を与えてくれた．現代においては，化学物質やそれらをもとにして得られる多くの材料なくしては，生活することは困難であろう．したがって，身の回りに存在する物質や材料，現象が化学とどのように深く結びついているかを学び，化学への興味を高め，さらに化学に対する理解を深める努力は，現代に生きる私たちにとって不可欠な事柄である．

　化学は実験を伴う学問である．化学が身近な学問で，そして興味ある学問であると感じるためには，実験を行うことがたいへん重要である．実験を行うことによって，ごくわずかな変化や微妙な違いを見逃さない観察力，反応の変化を洞察する力，実験結果を考察する力，さらに次のステップへ展開する力が養われる．

　本書は，理工系学部における基礎化学の理解をより深めるための化学実験書として編集されている．実験を行うにあたっての基本的な注意は最初に記述してあるが，それぞれの実験の注意事項，一般的な説明，理論については各章に記述されている．このような事項を一箇所にまとめると，学生諸君が十分に目を通さない恐れがあるためである．

　A編では，陽イオンの定性分析によるイオンの分離，さまざまなクロマトグラフィーによる物質の分離と分析，いろいろな滴定法による物質の定量分析，機器分析による物質の定量分析を，無機化学と物理化学の立場から学ぶ．B編では，一般化学実験として，いろいろな化合物の合成を有機化学，錯体化学，高分子化学の立場から学び，さらにこれらの化合物の反応性や機能を有機化学，物理化学の立場から理解する．A編とB編は，化学系，非化学系の学生を対象として，任意に選択できるように配慮されている．

　本書の執筆にあたっては，著者全員で打合せをたびたび行い，用語，記号，表現などの統一をできる限り図ったつもりである．しかし，不十分な点が多々あるかもしれない．説明不足，記述の誤り，不適切な表現などを含め，お気づきの箇所をご教示，ご指

摘いただければ幸甚である.

　末筆ながら，本書の出版にあたっては化学同人編集部の平林 央氏，加藤貴広氏に多大のご尽力を賜った．ここに深謝の意を表します．

　平成14年2月

化学教科書研究会

目　次

実験の注意

1　実験の心構え　　　　　　　　　　　　　1
2　実験の一般的注意　　　　　　　　　　　2
3　レポートの作成　　　　　　　　　　　　3
　　コラム　ガラス器具の洗浄　2

A編　物質の分離と定量

1章　陽イオンの化学分析　　7
1.1　陽イオンの化学反応　　9
　　1.1.1　実験 ── 水酸化物の生成　9　　　1.1.2　実験 ── アンミン錯イオンの生成　10
1.2　陽イオン第1, 2族の分析　　12
1.3　陽イオン第3族の分析　　16
1.4　陽イオン第4族の分析　　19
1.5　陽イオン未知試料の分析　　23
　　コラム　確実に分離するために ── 試薬量の調整と確認操作　8／緩衝溶液のpH　11／
　　けがをしないために ── 保護眼鏡，撹拌，火力の調整　15／第4族の陽イオン　21

2章　クロマトグラフィーによる分離　　25
2.1　ペーパークロマトグラフィー　　27
　　2.1.1　はじめに　27　　　　　　　　　2.1.3　実験 ── ペーパークロマトグラフィ
　　2.1.2　実験 ── ペーパークロマトグラフィ　　　　ーによるフェノール類の分析　29
　　　　　ーによる無機陽イオンの分析　27
2.2　カラムクロマトグラフィー　　31
　　2.2.1　はじめに　31　　　　　　　　　2.2.2　実験 ── カラムクロマトグラフィー
　　　　　　　　　　　　　　　　　　　　　　　　による色素の分離　31
2.3　薄層クロマトグラフィー　　34
　　2.3.1　はじめに　34　　　　　　　　　2.3.2　実験 ── 薄層クロマトグラフィーに
　　　　　　　　　　　　　　　　　　　　　　　　よるアニリン誘導体の分離　34
　　コラム　さまざまなクロマトグラフィー　26／溶媒の極性　34

3章　滴定による定量 ……… 37

- 3.1　測容器と標準溶液 ……… 37
  - 3.1.1　測容器　37
  - 3.1.2　標準溶液　39
- 3.2　中和滴定 ……… 40
  - 3.2.1　はじめに　40
  - 3.2.2　指示薬とpHの関係　40
  - 3.2.3　滴定曲線　41
  - 3.2.4　実験 ── 中和と指示薬　42
  - 3.2.5　実験 ── 食酢中の酢酸の定量　43
  - 3.2.6　課題　43
- 3.3　酸化還元滴定 ……… 44
  - 3.3.1　はじめに　44
  - 3.3.2　実験 ── オキシドール中の過酸化水素の定量　44
  - 3.3.3　実験 ── 排水中の化学的酸素要求量（COD）の測定　46
  - 3.3.4　課題　46
- 3.4　キレート滴定 ……… 46
  - 3.4.1　はじめに　46
  - 3.4.2　実験 ── 水の全硬度測定　47
  - 3.4.3　課題　48

4章　吸光度測定による定量 ……… 49

- 4.1　概要と原理 ……… 49
- 4.2　分光光度計の使用法 ……… 50
- 4.3　実験 ── 1,10-フェナントロリンによる鉄の定量 ……… 51
- 4.4　実験 ── モリブデンブルーによるリン（PO_4^{3-}）の定量 ……… 52
- 4.5　実験 ── 水道水中の残留塩素の定量 ……… 54
- 4.6　課題 ……… 55
- **コラム**　可視光と着色　50

B編　化合物の合成と機能

1章　有機化学反応 ……… 59

- 1.1　はじめに ……… 59
- 1.2　アルコールとフェノールの構造と酸・塩基としての性質 ……… 59
- 1.3　アルコールの求核置換反応 ……… 60
- 1.4　アルコールの脱離反応 ……… 62
- 1.5　実験 ── アルコール ……… 63
- 1.6　実験 ── フェノール ……… 64
- 1.7　実験 ── ザンドマイヤー反応 ……… 66
- **コラム**　有機化学反応の4形式　60／フェノキシドイオンの共鳴安定化　61／求電子置換反応　65／ザンドマイヤー反応　67

2章　錯体の合成と性質 — 69
- 2.1　はじめに — 69
- 2.2　実　験 — 71
- 2.3　結果の整理 — 72
- 2.4　課　題 — 73
- **コラム**　キレート　70／ヘモグロビン　72

3章　医薬品の合成 — 75
- 3.1　はじめに — 75
- 3.2　アセチルサリチル酸の合成とその反応機構 — 76
- 3.3　実験 —— アセチルサリチル酸の合成 — 76
- 3.4　実験 —— カフェインの抽出 — 78
- **コラム**　アセチルサリチル酸とノーベル賞　77

4章　アゾ染料の合成 — 81
- 4.1　はじめに — 81
- 4.2　実　験 — 81
- **コラム**　発色団と助色団　82／さまざまな染料　83

5章　レーヨンの合成 — 85
- 5.1　はじめに — 85
- 5.2　実　験 — 85
- **コラム**　レーヨンの合成反応　87

6章　ヒドロゲルの合成 — 89
- 6.1　はじめに — 89
- 6.2　実　験 — 90
- **コラム**　高分子合成　91／古くて新しい材料 —— ゲル　92

7章　ホトクロミズム — 95
- 7.1　はじめに — 95
- 7.2　実　験 — 95
- **コラム**　クロミズム　96／CD-RとCD-RW　97／反応速度定数　98

付　録（基本物理定数／SI基本単位／誘導単位とSI組立単位／接頭語／非SI単位とSI単位との関係）　101

索　引（事項／化合物）　103

実験の注意

1 実験の心構え

　実験にあたっては素直な心で現象を観察することが大切である．また，実験中は現象をよく観察し，それを実験ノートに整理して記録し，得られたデータが目的とする結果と一致するかを考える．もし，期待した結果が得られなかったときには，その原因を解明し，その理由をレポートに考察として記載する．

　実験するにあたり，実験ノートと整理ノートを用意する．各ノートの表紙には「実験ノート」，「整理ノート」という表題と各自の学籍番号と氏名を記す．

　実験ノートは，実験中に観察，測定したデータを記録するノートで，実験の当日までに実験の課題，目的，原理，使用する器具，薬品，さらに実験の操作手順を箇条書きにしておく．

　実験中は，得られた結果を実験ノートに記録しながら進める．たとえば，実験条件，観察(沈殿の有無，色調，臭いなど)あるいは測定(温度，容量，長さなど)したデータ，実験操作で失敗した点，実験中に気づいた点などを，もらさず記録する．

　整理ノートは，実験終了後，各自が行った実験操作や手順，実験結果を整理して記載するノートで，実験が終わった日に実験ノートを確認しながら必ず書いておく．また，整理ノートは後日見直すことがあるので，わかりやすくまとめておく．とくに，提出するレポートを作成するうえで重要になる．

　整理ノートには課題，原理と目的，実験(器具および試薬，操作)，結果，考察，結論の順に記載する．場合によっては，各自が調べた参考書の著者名，発行所，ページ数，発行年なども記す．

2 実験の一般的注意

実験は各自が積極的,自主的に行わなければならない.実験をするにあたっての注意点を次に示す.

(1) 実験を始める前には,教科書および必要な参考書を読み,実験の目的,原理,方法などを十分に理解し,実験ノートにまとめて記載しておく.

実験の直前には,必要な器具,試薬がそろっているかを調べ,不足しているものがあれば申し出る.

なお,手ぬぐい,ライター,実験に必要な小道具(定規,電卓,グラフ用紙など)も,各自で前もって準備しておく.

(2) 実験の途中では,実験台からむやみに離れてはいけない.やむをえず実験から目を離す場合には,操作を中断し,安全を確認すること.

薬品は必ずしも安全ではなく,皮膚に触れたり目に入ったりすると,やけどなどの事故を起こすことがある.そのためにも,危険から身体を保護する白衣(実験着)および保護眼鏡は必ず着用する.もし,薬品が手などについたときには,直ちに石けんなどで洗い,報告すること.このとき薬品が付着した場所,その種類と濃度を正確に知らせる.

実験台の周辺は常に整理整頓するよう心がけ,薬品をこぼしたときには直ちに処理すること.薬品の危険度が判断できない場合,直ちに報告し,指示

コラム ガラス器具の洗浄

各自の実験台には水道の設備があるが,その排水は一般排水として下水に放出される.そのような流し台で,重金属イオンのような物質が付着した器具を洗浄すると,直接有毒な物質が下水に流れだしてしまう危険がある.したがって,設置されている水道水は冷却などの用途には使ってもよいが,実験で使用した器具の洗浄には決して用いてはいけない.

使用済みの器具は,汚れが可溶な溶媒を少量用いて洗浄する.その廃液を種類ごとに回収する.

重金属イオンなどの沈殿が付着した器具は,右図に示す循環洗浄装置を用い,ブラシで汚れを取り除いた後,純水で仕上げの洗浄を行う.

循環洗浄装置では洗浄水が循環しているが,新たに水道水を追加することによって,ある程度の水質が保たれるようになっている.また,増水分はオーバーフロー方式によって廃液として回収,処理することができる.この洗浄装置の水質は水道水に比べて悪いので,手などを洗うときには水道水のある流しで行う.

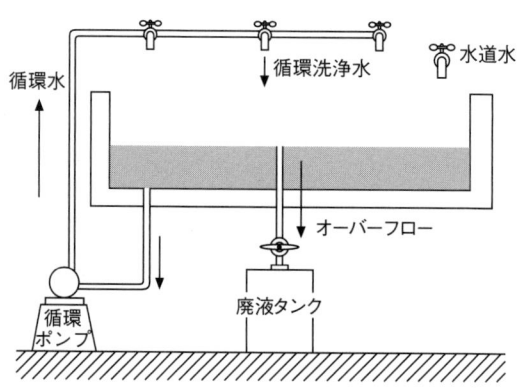

に従って処置する．

(3) 実験が終了した後は，各自の実験で生じた廃液または回収物を，指定された手順で処理する．とくに，廃液は指定された容器に捨て，決してほかの廃液と混入させてはいけない．化学反応が生じて発火や有毒ガスの発生などの事故につながる可能性がある．

各自が使用した水道栓，ガス栓が閉まっていること，また使用した機器の電源が切ってあることを確認する．

実験場の器具，薬品は多くの学生が常時使用しているので，実験開始時の状態に整理整頓，また不足した器具，薬品があれば補充しておく．

実験を行ったその日のうちに，整理ノートを書いておく．整理ノートは後日に読み返すことがあるので，そのときに実験の結果がわかりやすいように，できるだけ丁寧に書く．

3　レポートの作成

レポートは各実験の"卒業論文"に相当するもので，第三者が読み，理解できることを前提として書かねばならない．またレポートの内容は，整理ノートとは違って，実験の結果とそこから導きだされた考察，結論に重点を置いて記載する．

レポートの書き方には，実験の目的や内容によっていろいろあるが，ある程度の形式が決まっており，それに従って記載するほうが第三者に理解されやすい．一般には，次に示すように実験課題，氏名，緒言，実験方法，結果と考察，結論の順に記す．

```
            実験課題
                    学籍番号　氏名


        (1) 緒言


        (2) 実験方法


        (3) 結果と考察


        (4) 結論
```

4　実験の注意

（1）緒言では，実験の目的，その理論的背景などをわかりやすく記載し，さらに各自が明らかにしようとした内容も書きいれる．

（2）実験方法では，教科書に記されている操作法を単に写すのではなく，各自が工夫して簡潔に書く．

（3）結果と考察では，結果を直接書き下ろすのではなく，まずデータをまとめた表および図（グラフ）を正確に作成し，それらの配置を考えながらデータの説明文（実験条件，成果と評価）を書きいれる．また，ネガティブデータも大切であるので，目的とした結果が得られなかったときも，ありのままを示す．ネガティブデータについては，実験ノートあるいは整理ノートを再度十分に読み返し，自分自身で考えたことを記載する．

（4）結論では，実験で明らかになった点，さらに強調したい点を，箇条書きなどにまとめて書きいれる．さらに将来への展望があれば，それも記す．

A編　物質の分離と定量

1章　陽イオンの化学分析
2章　クロマトグラフィーによる分離
3章　滴定による定量
4章　吸光度測定による定量

1章 陽イオンの化学分析

　一般に，ある試料の中にどのような種類の陽イオン・陰イオンが存在するかを調べることを定性分析(qualitative analysis)という．また，そのイオンがどれだけの濃度で試料中に存在するかを数値として求めることを定量といい，濃度を調べること，あるいはそのための手順や操作を定量分析(quantitative analysis)という．後者には反応の当量関係を利用する容量分析(A編3章参照)，各種の機器を用いて物理的手法によって定量する機器分析(A編4章参照)などがある．この章では溶液試料を用いて，化学反応に伴う沈殿(precipitate)生成を利用する金属陽イオンの定性分析を取り扱う．したがって以下の説明も金属陽イオンに限定される．

　定性分析では，対象となるイオンの特徴的な沈殿反応[*1,*2]を用いる．その沈殿が生成する条件下で実際に観察されれば，そのイオンが試料中に存在すると結論してよいように思えるが，実際はそれほど簡単ではない[*3]．なぜなら，同じ条件下でほかの金属陽イオンが沈殿を生成することも多く，その場合は対象の陽イオンが実際に存在するかどうか結論づけられないからである．そのため定性分析では，まず対象のイオンだけをとりだす分離操作を行い，対象イオン以外には，沈殿試薬によって沈殿を生じないことがわかっているアルカリ金属イオンやアンモニウムイオンなどの既知のイオンしか含まない溶液にし，ついで沈殿試薬を加えて沈殿生成を見る．

　この分離操作を陽イオンごとに無秩序に進めていくのはむだも多く，また存在している陽イオンを見落とす可能性もある．そこで，一定の手順に従って陽イオンを一つずつ確認していく方法がいくつか工夫されており，それを系統分析(systematic analysis)と呼んでいる．まず，よく似た沈殿反応を示す数種類の陽イオンをまとめて混合沈殿物として分離し，ついで再溶解して個別の沈殿反応を利用し，分離を進めるか，よく似た沈殿反応であってもpHなどの条件を細かくコントロールして順次分離していく．通常，1種類の陽

*1　ときには呈色反応や炎色反応なども利用される．

*2　定量分析では生成する沈殿の化学組成がはっきりわかっている必要があるが，定性分析では沈殿の化学組成は不明でも，その沈殿に対象イオン固有の特徴があればよい．たとえば，3価の鉄イオンFe^{3+}の分析には赤褐色のゲル状沈殿が利用され，水酸化鉄(III)$Fe(OH)_3$の沈殿といわれるが，実際は$FeO(OH) \cdot nH_2O$ともいわれ，その正確な組成はよくわかっていない．一般に＋n価の遷移金属イオンM^{n+}の水酸化物沈殿を$M(OH)_n$と書き表すが，事情は水酸化鉄と同様である．

*3　これは試料溶液に2種類以上の陽イオンが含まれる場合に限らない．試料中に陽イオンが1種類しか含まれていないことがわかっていても，事情は同じである．たとえば硫酸を加えて白色沈殿が生成したからといって，これだけでBa^{2+}が存在するとはいえない．Sr^{2+}, Ca^{2+}, Ag^+など同様の白色沈殿を生じる陽イオンの可能性を否定した後，初めてBa^{2+}が存在すると結論できる．

イオンにまで分離が進んだ段階で，さらに確認反応を行う．

本実験では Ag^+, Al^{3+}, Bi^{3+}, Co^{2+}, Cu^{2+}, Fe^{3+}, Ni^{2+}, $Sn^{4+}(Sn^{2+})$, Sb^{3+}, Zn^{2+} の10種類の陽イオンを定性分析してみよう．系統的に分析を進めるために，これらのイオンを次の4グループに分類し，それぞれ第1族，第2族，第3族，第4族と呼ぶことにする．

第1族：属する陽イオンは Ag^+ である．塩化物として沈殿する．

第2族：属する陽イオンは Bi^{3+} と Fe^{3+} である．いずれもアンモニア水，水酸化ナトリウム水溶液の弱〜強アルカリ性下で水酸化物の沈殿が生成す

コラム

確実に分離するために —— 試薬量の調整と確認操作

ただ1種類の M^{n+} イオンが存在するか否かだけを知りたい場合は，試料溶液中の M^{n+} イオンの一部だけを分離してとりだし，確認反応を行えば目的は達成できる．しかし多数のイオンを順次分析していく系統分析では，一つの分離過程以降はその対象イオンが試料溶液中に残存しないことが前提になっており，その前提のもとで，確認実験で沈殿を生じたり呈色したりするイオンは溶液中に1種類しか存在しないことが保証されている．その意味で，分離過程においては分離すべきイオンを100%とりださなければならない．

特定の陽イオンを100%分離するために，あるいは目的の沈殿を得るために分析操作上注意することがいくつかある．本文では「どんな試薬を何 mL 加える」という操作が随所にあるが，この液量は一つの目安にすぎない．実際に必要な液量は，実験をしている個々人がそれまでに行ってきた実際の操作に依存して変化する．では，その実際に必要な液量をどのようにして知ればよいか．

pH の調整

試薬を加えて溶液の pH を調整することが目的のとき，とくに揮発性のアンモニアや酢酸を用いている場合は，試薬を加えてよく撹拌した後，それらの臭いがするかどうかでまず見当をつければよい．加えた試薬が不足していれば，それらはすべて中和に消費されて中性塩になっているから，試薬に特有な臭気が感じられない．さらに pH 試験紙などで調べて確認する．

pH がずれていれば，酸や塩基を加えて調整する．どのような酸や塩基を加えるかは，その溶液中に存在する陽イオンや陰イオンとの組合せで考えればよい．たとえば塩酸 HCl で pH＝3 に調整したいとき，実際には HCl を加え過ぎて pH＝1 になっていたとする．その前の操作でアンモニア水 NH_3 を加えていたなら，溶液中にアンモニウムイオン NH_4^+ が存在することは確かだから，NH_3 を少量加えて pH＝3 にもどせばよい．ここで水酸化ナトリウム NaOH や水酸化カリウム KOH を加えると，溶液中のイオンと反応して思わぬ沈殿を生じることがある．

沈殿生成

水酸化物以外の反応生成物を沈殿させることが目的の場合，沈殿試薬を加えて撹拌後に上澄みが少し見えるのを待ち，さらに試薬を1滴追加する．上澄み部分で新たに沈殿が生成するようなら試薬が不足しているので，試薬を少量追加する．新たな沈殿生成が見られなければ完全に分離している．この確認操作を習慣づけよう．

それなら，最初から大量に試薬を加えればチェックしなくてもすむように思えるが，そうもいかない．沈殿反応によっては，沈殿試薬を加え過ぎると別の反応を起こし，せっかくの沈殿が溶けてしまうこともある．また，加え過ぎによって液量がどんどん増えるため，次の操作で加える試薬の適量を推定できなくなるし，その後の沪過・濃縮・蒸発乾固などの操作に手間どることになる．

る．この両者は還元電位の差異を利用して分離できる．

第3族：属する陽イオンは Al^{3+}, Sn^{4+}, Sb^{3+} である．いずれもアンモニア水の弱アルカリ性下では水酸化物の沈殿が生成するが，水酸化ナトリウム水溶液の強アルカリ性下では溶解する両性（amphoteric）の陽イオンである．水酸化物が沈殿し始めるpHが少しずつ異なるので，弱酸性から弱アルカリ性の範囲でpHを調整すると分離できる．

第4族：属する陽イオンは残りの Co^{2+}, Cu^{2+}, Ni^{2+}, Zn^{2+} である．アンモニア水を加えると安定なアンミン錯イオン（ammine complex ion）を生成し，水酸化物を沈殿しない．Zn^{2+} 以外のアクア錯イオン（aqua complex ion）$[M-(H_2O)_6]^{2+}$ は酸性水溶液中で固有の色を呈するが，価数が変化したり錯体を形成したりすると，個々のイオンに特徴的な色の変化が生じるので，その性質を利用して確認する．

次節からは，分析実験の原理を知るための実験と，それを応用した実際の系統分析に分けて学んでいく．

1.1 陽イオンの化学反応
1.1.1 実験 ── 水酸化物の生成

第2～4族のイオンを一つずつ選び，前節で述べたアンモニア水と水酸化ナトリウム溶液に対する反応の差を見てみよう．水酸化物が沈殿するかどうかは，溶液中のアンモニアおよび水酸化物イオンの濃度の影響を受けるので，水酸化物イオン濃度を抑えて反応を見ることにする．

【器具】
試験管（9本），ビーカー（50 ml, 3個），目盛りつき試験管（1本）．

【試薬】
2 M [*1] アンモニア水（NH_3），3 M 塩化アンモニウム（NH_4Cl），2 M 水酸化ナトリウム（NaOH），0.1 M 塩化鉄（$FeCl_3$），0.1 M 塩化アルミニウム（$AlCl_3$），0.1 M 塩化コバルト（$CoCl_2$）．

[*1] 容量モル濃度（molality）で表した濃度．本来は mol l^{-1} と書くが，Mで略記されることが多い．

【操作】
(1) 2 M アンモニア水 3 ml, 3 M 塩化アンモニウム 8 ml, 純水 4 ml をビーカーにとり，よくかき混ぜる．試験管3本にこの溶液を3 ml ずつ計りとる．

(2) 2 M アンモニア水 3 ml を別のビーカーにとり，純水 12 ml で希釈する．新しい試験管3本にこの溶液を3 ml ずつ計りとる．

(3) 2 M 水酸化ナトリウム 3 ml を別のビーカーにとり，純水 12 ml で希釈し，新しい試験管3本にこの溶液を3 ml ずつ計りとる．

(4) (1)～(3)の試験管を1本ずつとり，それぞれに 0.1 M $FeCl_3$ を 1 ml ずつ加え，よく振り混ぜる．5分間静置した後，沈殿の有無，色，形状などの観

察結果を記録する．

*1 下向き矢印（↓）は沈殿生成を表す．

$$Fe^{3+} + 3\,OH^- \longrightarrow Fe(OH)_3\downarrow\text{*}1$$

(5) (4)の操作を 0.1 M AlCl$_3$ および CoCl$_2$ についても同様に繰り返す．

$$Al^{3+} + 3\,OH^- \longrightarrow Al(OH)_3\downarrow \quad \text{（弱アルカリ性条件）}$$
$$Al(OH)_3 + OH^- \longrightarrow [Al(OH)_4]^- \quad \text{（強アルカリ性条件）}$$
$$Co^{2+} + 2\,OH^- \longrightarrow Co(OH)_2\downarrow$$
$$Co^{2+} + 6\,NH_3 \longrightarrow [Co(NH_3)_6]^{2+}$$

【結果の整理と課題】

(1) 下記の例にならって，沈殿の有無，沈殿した場合はその色と形状を，また沈殿がなくても溶液に色の変化が見られた場合はその変化を記録する．

	（例）0.1 M CuCl$_2$	0.1 M FeCl$_3$	0.1 M AlCl$_3$	0.1 M CoCl$_2$
2 M NH$_3$ + 3 M NH$_4$Cl	沈殿なし 青色→濃青色			
2 M NH$_3$ + H$_2$O	青白色沈殿 上澄み：濃青色			
2 M NaOH + H$_2$O	青白色沈殿			

(2) この観察結果に基づいて，第2〜4族の陽イオンの性質の差異を説明せよ．また，第2〜4族の陽イオンが混合した溶液から各族のイオンを分離するには，どのようにすればよいか考えよ．

1.1.2 実験——アンミン錯イオンの生成

第4族イオンは，アルカリ性領域でも安定なアンミン錯イオン $[M(NH_3)_{4-6}]^{2+}$ を生成して溶ける．テトラアンミン亜鉛 $[Zn(NH_3)_4]^{2+}$ を除くアンミン錯イオンは特徴ある色を呈し，酸性溶液でのアクア錯イオン $[M(H_2O)_{4-6}]^{2+}$ の色とは異なる例が多い．一方，これらのイオンは水酸化物の沈殿も生じる．アンミン錯イオンを生成して溶けるか，水酸化物沈殿 M(OH)$_2$ を生成するかは，錯イオン生成反応の平衡定数 K および水酸化物の溶解度積 K_{sp} が関与し，金属イオンの初期濃度，アンモニアの濃度と pH などの反応条件によって決まる．

錯イオン生成反応

$$M^{2+} + m\,NH_3 \rightleftharpoons [M(NH_3)_m]^{2+} \qquad K = \frac{[[M(NH_3)_m]^{2+}]}{[M^{2+}]\cdot[NH_3]^m}$$

水酸化物の溶解度積

$$M(OH)_2 \rightleftharpoons M^{2+} + 2OH^- \qquad K_{sp} = [M^{2+}]\cdot[OH^-]^2$$

実際には水酸化物イオンを含む多核錯体なども生成するため，条件を正確に予測することは困難である．

溶液のpHやアンモニアの濃度は緩衝溶液（buffer solution）を用いて調整できる．

【器具】

ビーカー（50 ml，1個），試験管（12本），目盛りつき試験管（1本）．

【試薬】

2 M アンモニア水（NH_3），緩衝溶液 B*1，緩衝溶液 C*1，0.1 M 塩化コバルト（$CoCl_2$），0.1 M 塩化ニッケル（$NiCl_2$），0.1 M 塩化銅（$CuCl_2$），0.1 M 塩化亜鉛（$ZnCl_2$）．

*1 緩衝溶液 B, C はアンモニア水と塩化アンモニウム溶液の混合溶液である．NH_3 の濃度は B, C いずれも 0.3 M，NH_4Cl の濃度は溶液 B が 0.095 M，溶液 C が 3.0 M である．

【操作】

(1) $CoCl_2$，$NiCl_2$，$CuCl_2$ および $ZnCl_2$ の試料溶液の色を観察し，記録する．

(2) ビーカーに 2 M NH_3 3 ml と純水 17 ml をいれてよくかき混ぜ，溶液 A とする．

(3) 3本の試験管にそれぞれ溶液 A, 緩衝溶液 B, 緩衝溶液 C を 3 ml ずつ

> **コラム**
>
> ## 緩衝溶液のpH
>
> 緩衝溶液にはさまざまなものが知られている．pH が 7 より大きい，つまりアルカリ性領域の緩衝溶液には，塩化アンモニウム水溶液とアンモニア水の混合溶液が用いられる．その緩衝溶液の pH は溶液中のアンモニアの濃度 c_{NH_3} と塩化アンモニウムの濃度 c_{NH_4Cl} で決まり，次式で計算される．
>
> $$pH = pK_{NH_4^+} + \log\frac{c_{NH_3}}{c_{NH_4Cl}} \quad *1, *2 \qquad (1)$$
>
> 同様に，酸性領域では酢酸と酢酸ナトリウムの混合溶液が緩衝溶液として利用でき，その pH は次式で計算される．
>
> $$pH = pK_{CH_3COOH} + \log\frac{c_{CH_3COONa}}{c_{CH_3COOH}} \quad *2 \qquad (2)$$
>
> いずれの場合も，右辺第1項の pK は酸・塩基の解離定数 K を用いて次式で定義され，
>
> $$pK = -\log_{10}K \qquad (3)$$
>
> その値は希薄溶液であれば濃度に影響されず，また右辺第2項は濃度の比で決まるから，緩衝溶液を純水で薄めてもその pH は変化しない．
>
> ---
>
> *1 $K_{NH_4^+}$ は次の酸解離反応に対して定義されている．
>
> $$NH_4^+ + H_2O \rightleftharpoons NH_3 + H_3O^+ \qquad K_{NH_4^+} = \frac{c_{NH_3}\cdot c_{H_3O^+}}{c_{NH_4^+}}$$
>
> これを塩基 NH_3 の解離平衡
>
> $$NH_3 + H_2O \rightleftharpoons NH_4^+ + OH^- \qquad K_b = \frac{c_{NH_4^+}\cdot c_{OH^-}}{c_{NH_3}}$$
>
> と比較すると，$K_{NH_4^+} \times K_b = K_w \approx 1\times 10^{-14}$ という関係になる．ここで K_w は水のイオン積である．
>
> *2 式中の pK の値は，それぞれ NH_4^+：9.25，CH_3COOH：4.76 である．

とり，これに 0.1 M CoCl$_2$ を 1 ml ずつ加える．よく振り混ぜ，10 分ほど静置する．

(4) 沈殿の有無，溶液の色など，元の試料溶液との差異がわかるように観察結果を書きとめる．

(5) NiCl$_2$, CuCl$_2$, ZnCl$_2$ についても同じ実験を繰り返す．

$$M^{2+} + 2\,OH^- \longrightarrow M(OH)_2 \downarrow \quad (M = Co, Ni, Cu, Zn)$$
$$M^{2+} + 6\,NH_3 \longrightarrow [M(NH_3)_6]^{2+} \quad (M = Co, Ni)$$
$$M^{2+} + 4\,NH_3 \longrightarrow [M(NH_3)_4]^{2+} \quad (M = Cu, Zn)$$

【結果の整理と課題】

(1) 例にならい，観察結果を次の表のようにまとめる．また，コラム (p.11) を参考にして，溶液 **A, B, C** の pH を計算せよ．

溶液	試料溶液	溶液 A	溶液 B	溶液 C
[NH$_3$]/M		0.3	0.3	0.3
pH				
(例) MnCl$_2$	無色透明[*1]	黄褐色 ゾル状沈殿	黄褐色 ゾル状沈殿	無色透明 沈殿なし
CoCl$_2$				
NiCl$_2$				
CuCl$_2$				
ZnCl$_2$				

[*1] 濃度が高いときは淡紅色であるが，低いときはほとんど無色である．

(2) 溶液 **A, B, C** での観察結果の差異について気づいたことを述べ，なぜそうなるのか説明せよ．

1.2　陽イオン第 1, 2 族の分析

試料として，第 1 族の Ag$^+$ イオン，第 2 族の Bi^{3+}, Fe^{3+} イオンと第 3 族の Al^{3+} イオンを用いる．ちなみに陰イオンは NO$_3^-$ である．

【操作】

操作の全過程を図 1.1 に示す．

(1) 試料を試験管に約 1 ml とり，溶液の色を記録せよ．この色は Fe^{3+} イオンに基づく色である．また，万能 pH 試験紙で pH を調べよ．この結果は，Bi^{3+} イオンが水酸化物として沈殿しないように，試料に硝酸を加えてあるか

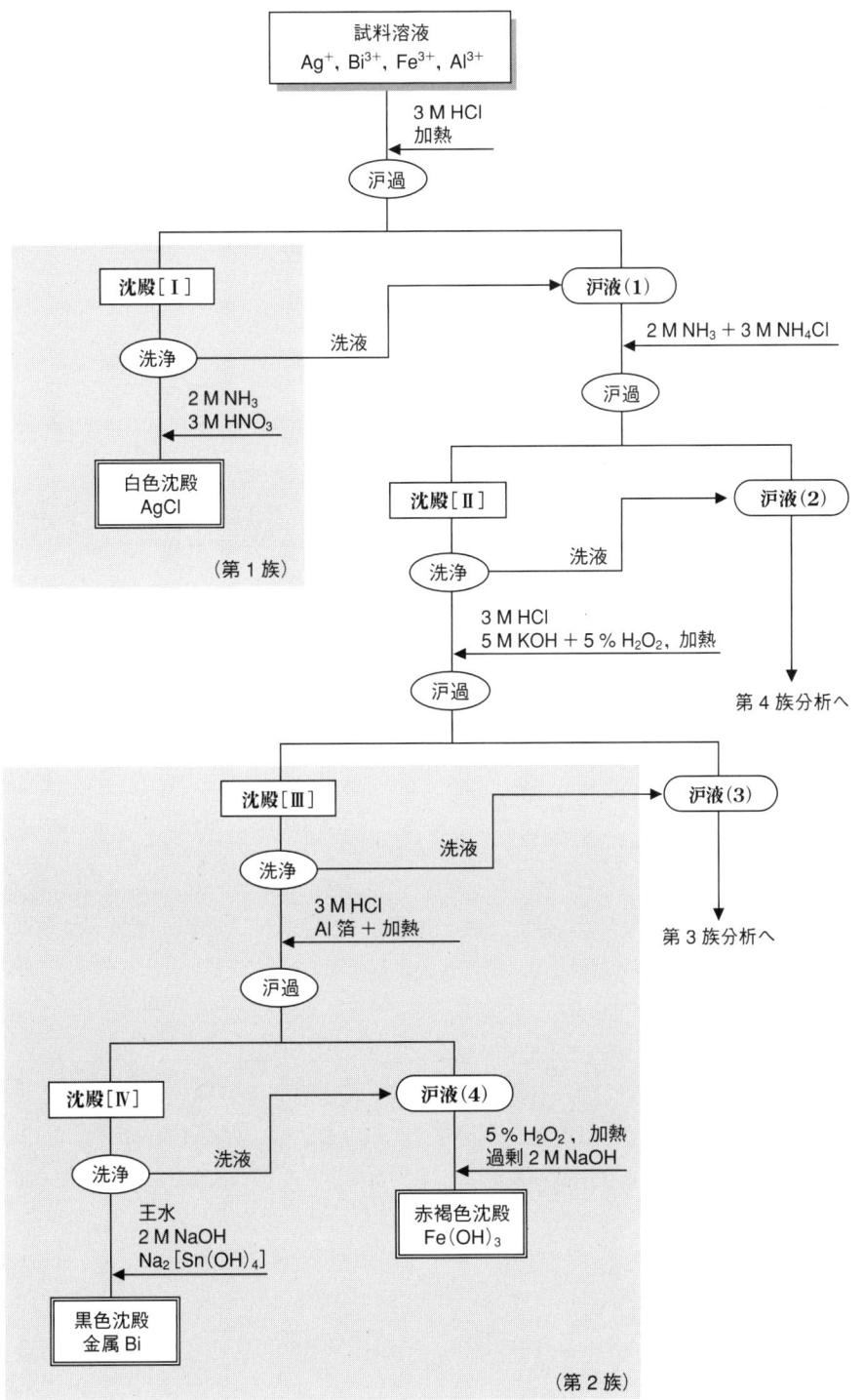

図 1.1 第 1, 2 族の分析過程

らである．次に，別の試験管に試料を1滴とり，純水を3 mlほど加えて変化を見よ．白色沈殿が見られるであろう．これはBi^{3+}イオンの加水分解 (hydrolysis) 反応のためである．

$$Bi^{3+} + 3H_2O \longrightarrow Bi(OH)_3\downarrow^{*1} + 3H^+$$

(2) 試料を試験管に3 mlとり，3 M HClを1 ml加える．Ag$^+$イオンが存在すれば溶液全体が黄白色に濁り，加熱すると上澄み(黄色)と白色沈殿に分離する．

$$Ag^+ + Cl^- \longrightarrow AgCl\downarrow$$

熱いうちに沈殿と上澄み液とを沪別し，沈殿(**沈殿[I]**)を薄い塩酸で洗浄する．沪液[**沪液(1)**]については第2族以下の分析を行う．

(3) **沈殿[I]**について，Ag$^+$イオンの確認実験を行う．漏斗を新しいビーカーで受け，沪紙の上から2 M NH$_3$を2 ml滴下し，沈殿をすべて溶かす*^{2}．この沪液に3 M HNO$_3$を2 ml加えて再び白沈を生じれば，Ag$^+$イオンの存在が示される*^{3}．

$$AgCl + 2NH_3 \longrightarrow [Ag(NH_3)_2]^+ + Cl^-$$
$$[Ag(NH_3)_2]^+ + 2H^+ \longrightarrow Ag^+ + 2NH_4^+$$
$$Ag^+ + Cl^- \longrightarrow AgCl\downarrow$$

(4) 沪液(**1**)に3 M NH$_4$Cl 3 mlと2 M NH$_3$ 2 mlを加えて*^{4}アルカリ性にした後，弱いアンモニア臭が残るまで数分間加熱して，過剰のアンモニアを飛ばす．生じた沈殿を沪別し，薄いアンモニア/塩化アンモニウム混合溶液で洗浄する．得られた沈殿を**沈殿[II]**として第2,3族の分析に供する．

沪液はここでは捨ててよいが，全分析では**沪液(2)**として第4族の分析に供する(図1.4参照)．

(5) 漏斗を新しいビーカーで受け，**沈殿[II]**を加熱した3 M HCl 4 mlで溶かす．この溶液に5 M KOH 6 mlと5% H$_2$O$_2$*^{5} 1 mlを加え，ガラス棒で撹拌しながら沸騰するまで加熱する．これにより，第2族の陽イオンは水酸化物として再び沈殿し，第3族陽イオンは溶液に残る．十分に冷えてから沪過し，沈殿を薄いKOHで洗浄する．沈殿を**沈殿[III]**として第2族の分析に供し，沪液を**沪液(3)**として第3族の分析に供する(今回は第1, 2族の分析であるから，この沪液は捨ててよい)．

$$Bi^{3+} + 3OH^- \longrightarrow Bi(OH)_3\downarrow$$
$$Fe^{3+} + 3OH^- \longrightarrow Fe(OH)_3\downarrow$$

---

*1 塩化物イオンCl$^-$が存在するときは，淡黄色の酸化塩化ビスマスBiClOが生成する．
$Bi^{3+} + H_2O + Cl^- \longrightarrow$
$\qquad\qquad BiClO\downarrow + 2H^+$

*2 一度で溶け切らなかったときは，ビーカーのアンモニア溶液を沈殿の上から注ぐ．これを溶けるまで繰り返す．

*3 (2)で生じた沈殿には，Pb^{2+}とHg^{2+}が塩化物沈殿として混入する可能性がある．加熱後，熱いうちに沪過すれば，Pb^{2+}は沪液のほうに移って除かれる．(3)で沈殿にNH$_3$を注ぐことにより，Hg^{2+}は沈殿として残り，Ag$^+$と分離される．

*4 アルカリ性の緩衝溶液をつくっている．第3族の沈殿が得られるように，pHの値をアンモニアの量で調整する(p.8のコラムを参照)．

*5 第3族のイオンがSb^{3+}, Sn^{2+}として存在するとき，それらを過酸化水素で酸化してSb^{5+}, Sn^{4+}に変える．

$$Al^{3+} + 3\,OH^- \longrightarrow Al(OH)_3\downarrow \qquad \text{(弱アルカリ条件)}$$
$$Al(OH)_3 + 3\,OH^- \longrightarrow [Al(OH)_6]^{3-} \qquad \text{(強アルカリ条件)}$$
$$Sb^{3+} + 3\,OH^- \longrightarrow Sb(OH)_3\downarrow \qquad \text{(弱アルカリ条件)}$$
$$Sb^{III}(OH)_3 + H_2O_2 + OH^- \longrightarrow [Sb^V(OH)_6]^- \qquad \text{(強アルカリ条件)}$$
$$Sn^{2+} + 2\,OH^- \longrightarrow Sn(OH)_2\downarrow \qquad \text{(弱アルカリ条件)}$$
$$Sn^{II}(OH)_2 + H_2O_2 + 2\,OH^- \longrightarrow [Sn^{IV}(OH)_6]^{2-} \qquad \text{(強アルカリ条件)}$$
$$Sn^{4+} + 4\,OH^- \longrightarrow Sn(OH)_4\downarrow \qquad \text{(弱アルカリ条件)}$$
$$Sn(OH)_4 + 2\,OH^- \longrightarrow [Sn(OH)_6]^{2-} \qquad \text{(強アルカリ条件)}$$

(6) 漏斗を新しいビーカーで受け,**沈殿[III]**を加熱した 3 M HCl 10 ml で溶かす.1 cm × 1 cm 程度の大きさの Al 箔を加えて加熱する.Bi^{3+} イオンが存在すれば,まずこのイオンが還元されて黒色の Bi 金属微粉末となり,ついで Fe^{3+} イオンが存在すれば Fe^{2+} イオンに還元されて,溶液は黄色から無色となる*1.沈殿と溶液を沪別して,**沈殿[IV]**と**沪液(4)**を得る.

*1 溶液の黄色が完全に消え,かつ Al 箔がすべて消費されたときが反応の終点である.Al 箔がすべて消費されて見かけ上反応が終わっているのに,溶液の黄色が消えないときは,Al 箔を追加する.Al 箔が残っているのに反応が進行しないときは,HCl が不足しているのでそれを追加する.Al 箔が残っていて反応が続いているときは,細かい泡がでる.Al 箔がすべて反応していれば,溶液が沸騰して生じる大きな泡だけが見られる.加熱し過ぎて溶液がなくなりそうなときは,反応途中であれば HCl を,反応が終わっていれば純水を追加する.

コラム

けがをしないために —— 保護眼鏡,撹拌,火力の調整

　化学薬品は,程度の差はあれ,みな危険物である.取扱い方を間違えると,自分が大けがをするだけでなく,周辺で実験をしている人たちをも巻き込んだ事故になりかねない.それだけに十分に注意して実験をする必要がある.本書ではそれぞれ必要な箇所で注意事項が説明されているから,その内容を十分に理解してから実験にとりかかろう.ここでは,火を用いる場合の一般的な注意をしておく.

　ガスを用いて加熱しているときに最も留意するべきことは,溶液が飛び散らないようにすることである.溶液の温度が高いほど,また酸やアルカリの濃度が高いほど,危険度は大きくなる.十分に注意を払い,なおかつ溶液が飛び散ったときにも,体に直接かからないように防備する心がけが必要である.とくに目に溶液が入ったときは,最悪の場合は失明につながるから,必ず保護眼鏡を着用する癖をつけよう.また素肌,とくに腕を露出しないよう,白衣や長袖の上着を着用することが求められる.万一,皮膚に溶液がかかったときには,すぐに大量の水道水で洗い流し,かつ十分に冷やす(10～15分間)ことが大切である.

　溶液が飛び散ったときにすばやく体をかわせることも大切であり,そのため敏捷な動作を妨げないズボンやスカートを着用する.また同じ観点から,実験室内でいすや床に座り込むのも避ける.

　加熱時に溶液が飛び散る可能性が高いのは,突沸(急に沸騰すること)が起こる場合であり,突沸が激しいときには三脚からビーカーが飛び落ちることもある.突沸が起こるのは,加熱が均一に行われず,たとえばビーカーの一部分だけが強く加熱されるからである.また,溶液の濃度が高いほど起こりやすい.したがって,加熱時には溶液が均一に加熱されるように溶液を絶え間なくガラス棒で撹拌し続けて,温度むらが生じないように気をつけるとともに,沸騰が始まればガスの火力を弱くして急激な加熱が起こらないように注意しなければならない.とくに加熱中に席を外す場合には,たとえそれが短時間であれ,ガスを消しておくだけの心づかいが必要である.

$$Bi^{3+} + Al \longrightarrow Bi\downarrow + Al^{3+}$$
$$3\,Fe^{3+} + Al \longrightarrow 3\,Fe^{2+} + Al^{3+}$$

(7) 沈殿[**IV**]を純水でよく洗浄した後，新しいビーカーで受け，沪紙の上から王水 1 ml を滴下して沈殿をすべて溶かす．溶液に 6 M NaOH 5 ml を加えてアルカリ性にすると，Bi^{3+} イオンが白色の $Bi(OH)_3$ となって沈殿する．新しくつくったテトラヒドロキソスズ(II)酸ナトリウム $Na_2[Sn(OH)_4]$*1 1 ml をこれに加えると，再び沈殿中の Bi^{3+} イオンが還元されて Bi 金属微粉末となり，溶液は真黒になる．これにより Bi^{3+} イオンの存在が確認される．

$$2\,Bi^{III}(OH)_3 + 3\,[Sn^{II}(OH)_4]^{2-} \longrightarrow 2\,Bi^0\downarrow + 3\,[Sn^{IV}(OH)_6]^{2-}$$

(8) 沪液(**4**)に 5% H_2O_2 1 ml を加えて加熱する．Fe^{3+} イオンが存在すれば溶液の色は黄～黄褐色に変わる．これに過剰量*2 の 6 M NaOH を加えて赤褐色のゾル(sol)状沈殿が生成すれば，Fe^{3+} イオンの存在が確認される．

$$2\,Fe^{2+} + H_2O_2 \longrightarrow 2\,Fe^{3+} + 2\,OH^-$$
$$Fe^{3+} + 3\,OH^- \longrightarrow Fe(OH)_3\downarrow$$

【結果の整理と課題】

観察結果をノートに書きとめ，各段階でどのような反応が起きているのか考察せよ．教科書の記載と異なる観察結果や沈殿が得られたときは，自分の実験操作を振り返って，なぜそのような結果になったのか検討せよ．

1.3 陽イオン第 3 族の分析

試料溶液には第 3 族の Al^{3+}，Sb^{3+}，Sn^{4+} イオンのほか，第 2 族の Bi^{3+} イオンと第 4 族の Cu^{2+} イオンが含まれる．この溶液は，存在するイオン種を別にすれば，1.2 節(2)の沪液(**1**)に相当する．

【操作】

操作の全過程を図 1.2 に示す．

(1) 試験管に試料溶液を 1 ml とり，万能 pH 試験紙で溶液の pH をチェックせよ．この pH の値は，Bi^{3+}, Sb^{3+}, Sn^{4+} の陽イオンが加水分解しないように HCl が加えられているためである．また，溶液の色を記録せよ．この色は第 4 族の Cu^{2+} イオンの色で，塩化物イオン Cl^- の濃度が高いときにこのような色を呈する(1.1.2 項で見たアクア錯イオン $[Cu(H_2O)_6]^{2+}$ やアンミン錯イオン $[Cu(NH_3)_4]^{2+}$ の色と比較せよ)．

また，別の試験管に試料溶液を 1 滴とり，純水を 5 ml 加えてよく振り混ぜ，変化を観察せよ．この変化は加水分解の結果である．Bi^{3+}, Sb^{3+}, Sn^{4+} の陽

*1　2 M $SnCl_2$ 1 ml に 6 M NaOH 5 ml を徐々に加えていくと，まず水酸化スズ(II)のゲル(gel)が生成し，さらに NaOH を加えると，無色透明である $[Sn(OH)_4]^{2-}$ 溶液が得られる．この溶液はスズ(II)酸ナトリウムあるいは亜スズ酸(II)ナトリウム(Na_2SnO_2)とも呼ばれ，還元剤である．空気中の酸素で徐々に還元力を失うので，使う直前に調製する．

*2　沪液(**4**)中には Fe^{3+} イオンのほかに Al 箔に由来する Al^{3+} イオンも存在するから，NaOH の量が少ないと $Al(OH)_3$ の沈殿も同時に生じ，$Fe(OH)_3$ 沈殿の本来の色が見られない．過剰の NaOH を加えると，前者は溶解・消失する(1.1.1 項の実験を参照)．

1章 陽イオンの化学分析　17

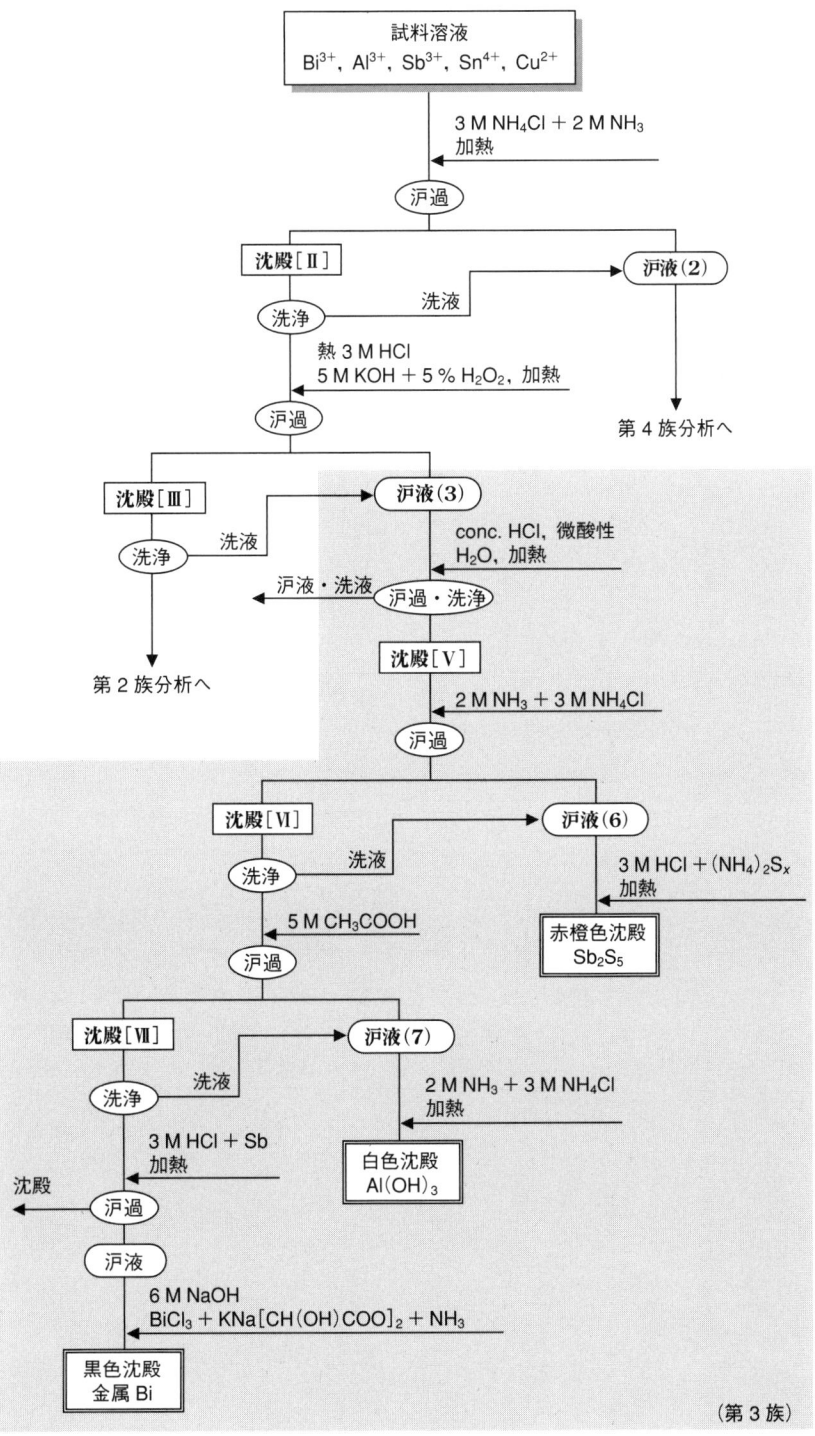

図1.2　第3族の分析過程

イオンは，単独で存在すればいずれも加水分解して白色沈殿を生じるが，HClの濃度が高いときは白色沈殿を生じないことがある．

(2) 試料溶液3 mlを試験管にとり，3 M NH$_4$Cl 3 mlと2 M NH$_3$ 2 mlを加えてアルカリ性にした後，弱いアンモニア臭が残るまで数分間加熱して，過剰のアンモニアを飛ばす．生じた沈殿を沪別し，薄いアンモニア/塩化アンモニウム混合溶液で洗浄する．得られた沈殿を**沈殿〔II〕**として第2, 3族の分析に供する．

沪液〔**沪液(2)**〕は第4族のアンミン銅錯イオン[Cu(NH$_3$)$_4$]$^{2+}$を含むので，ここでは捨ててよい．

(3) 漏斗を新しいビーカーで受け，**沈殿〔II〕**を加熱した3 M HCl 4 mlで溶かす．この溶液に5 M KOH 6 mlと5% H$_2$O$_2$ 1 mlを加え，ガラス棒で撹拌しながら沸騰するまで加熱する．これにより，第2族のBi^{3+}イオンは水酸化物[*1]として再び沈殿し，第3族陽イオンは溶液に残る．十分に冷えてから沪過し，沪液を**沪液(3)**として第3族の分析に供する．沈殿は第2族陽イオン(Bi^{3+})であるから，今回は捨ててよい．

(4) **沪液(3)**に濃塩酸を少量ずつ加えてよくかき混ぜ，注意深く溶液を中和する(to neutralize)．溶液が白濁し始めたら濃塩酸を純水で薄め，万能pH試験紙で調べながら塩酸を1滴ずつ加え，溶液を微酸性にする．十分に白色ゾル状沈殿が生成したら溶液と同量の純水を加え，弱火で加熱する．この溶液を沪過し，よく水洗すると沈殿(**沈殿〔V〕**)が得られる．沪液は不要．

(5) 沪紙を広げて**沈殿〔V〕**を新しいビーカーに移し，2 M NH$_3$と3 M NH$_4$Clを5 mlずつ加え，アンモニア臭が弱くなるまで加熱する．Sb^{5+}イオンが存在すれば溶液に溶けだすが，元の試料溶液にAl^{3+}やSn^{4+}イオンが存在していても，それらは水酸化物沈殿のままで残る．沪過して沈殿(**沈殿〔VI〕**)と沪液〔**沪液(6)**〕に分け，沈殿を薄いアンモニア/塩化アンモニウム混合溶液で十分に洗浄する．

(6) **沪液(6)**からSb^{5+}イオンを検出する．3M HClを加えて酸性にした後，多硫化アンモニウム水溶液(NH$_4$)$_2$S$_x$を数滴加えて加熱する．Sb^{5+}イオンが存在しなければ白色または黄色の硫黄の沈殿を生じるだけであるが，橙色ないし赤橙色の沈殿(Sb$_2$S$_5$)が生じればSb^{5+}イオンの存在が確認できる[*2]．

$$2\text{Sb}^{5+} + 5\text{H}_2\text{S} \longrightarrow \text{Sb}_2\text{S}_5\downarrow + 10\text{H}^+$$

(7) **沈殿〔VI〕**をビーカーに移し，5 M 酢酸CH$_3$COOHを3 ml加えて加熱する．Al^{3+}イオンが存在すれば溶液中に溶けだし，Sn^{4+}イオンは存在しても水酸化物沈殿として残るので，室温まで冷えてから沪過して沈殿(**沈殿〔VII〕**)と沪液〔**沪液(7)**〕に分ける．

*1 塩化物イオンが多いと，淡黄色の沈殿となる(p.14の*1を参照)．

*2 多硫化アンモニウム溶液は，酸を加えると硫黄とH$_2$Sを生じる．後者特有の臭気を確認しておくとよい．ただしH$_2$Sは多量に吸い込むと有毒であるから，試験管に直接鼻を近づけないように注意する．HCl量が少なくて(NH$_4$)$_2$S$_x$が残っていると，Sb^{3+}, Sb^{5+}はテトラチオ酸塩SbS$_4^{3-}$となって溶解する(このときSb^{3+}はSb^{5+}に酸化される)．

$$\text{Al(OH)}_3 + 3\,\text{CH}_3\text{COOH} \longrightarrow \text{Al}^{3+} + 3\,\text{CH}_3\text{COO}^- + 3\,\text{H}_2\text{O}$$

(8) 沪液(**7**)に 2 M NH_3 と 3 M NH_4Cl を 5 ml ずつ加え,アンモニア臭が弱くなるまで加熱する.白色の綿ぼこり状の沈殿または無色透明なゾル状の沈殿[*1]が見られれば,Al^{3+}イオンの存在が確認できる.

[*1] 濃度によって沈殿の出方が異なる.

$$\text{Al}^{3+} + 3\,\text{OH}^- \longrightarrow \text{Al(OH)}_3\downarrow$$

(9) 沈殿[**VII**]をビーカーに移し,3 M HCl を 10 ml 加えて溶かす.ごく少量の金属 Sb 粉末を加え,5 分間ほど沸騰させながら加熱する.これにより,Sn^{4+}イオンが存在すれば Sn^{2+}イオンに還元される.沪過して過剰の Sb 粉末を除き,沪液に 5 M KOH を 5 ml 加えてテトラヒドロキソスズ(II)酸イオン $[\text{Sn}^{\text{II}}(\text{OH})_4]^{2-}$ に変える(pH > 12).別のビーカーに BiCl_3 溶液を 1 ml とり,ここに酒石酸ナトリウムカリウム $\text{KNa}[\text{CH(OH)COO}]_2(=\text{KNaH}_2\text{tart})$ 粉末を少量加えて完全に溶かす.さらに 2 M NH_3 を 5 ml 加えてアルカリ性にする.この溶液 1 ml を先の 5 M KOH 5 ml を加えておいた溶液にいれ,溶液が真黒に変色すれば,$[\text{Sn(OH)}_4]^{2-}$(Sn^{2+}, Sn^{4+})イオンの存在が確認できる.

$$3\,\text{Sn}^{4+} + 2\,\text{Sb} \longrightarrow 3\,\text{Sn}^{2+} + 2\,\text{Sb}^{3+}$$
$$\text{Sn}^{2+} + 4\,\text{OH}^- \longrightarrow [\text{Sn(OH)}_4]^{2-}$$
$$2\,\text{Bi}^{3+} + 2[\text{CH(OH)COO}]_2^{2-} + 4\,\text{OH}^- \longrightarrow [\text{Bi}_2(\text{tart})_2]^{2-} + 4\,\text{H}_2\text{O}$$
$$[\text{Bi}_2(\text{tart})_2]^{2-} + 3[\text{Sn(OH)}_4]^{2-} + 6\,\text{OH}^- \longrightarrow$$
$$2\,\text{Bi}\downarrow + 2\,\text{tart}^{4-} + 3[\text{Sn(OH)}_6]^{2-}$$

【結果の整理と課題】

観察結果をノートに書きとめ,各段階でどのような反応が起きているのか考察せよ.教科書の記載と異なる観察結果や沈殿が得られたときは,自分の実験操作を振り返って,なぜそのような結果になったのか検討せよ.

1.4 陽イオン第 4 族の分析

試料溶液に含まれる陽イオンは第 4 族だけで,陰イオンは塩化物イオンである.異なる色をもつイオンが混在するため,試料溶液の色から存在する陽イオンを推定するのは困難である.

【操作】

操作の全過程を図 1.3 に示す.

(1) 試料溶液を 3 ml 試験管にとり,万能 pH 試験紙で溶液の pH をチェックせよ.また,別の試験管に試料溶液を 1 滴とり,純水を 5 ml 加えてよく振

20　A編　物質の分離と定量

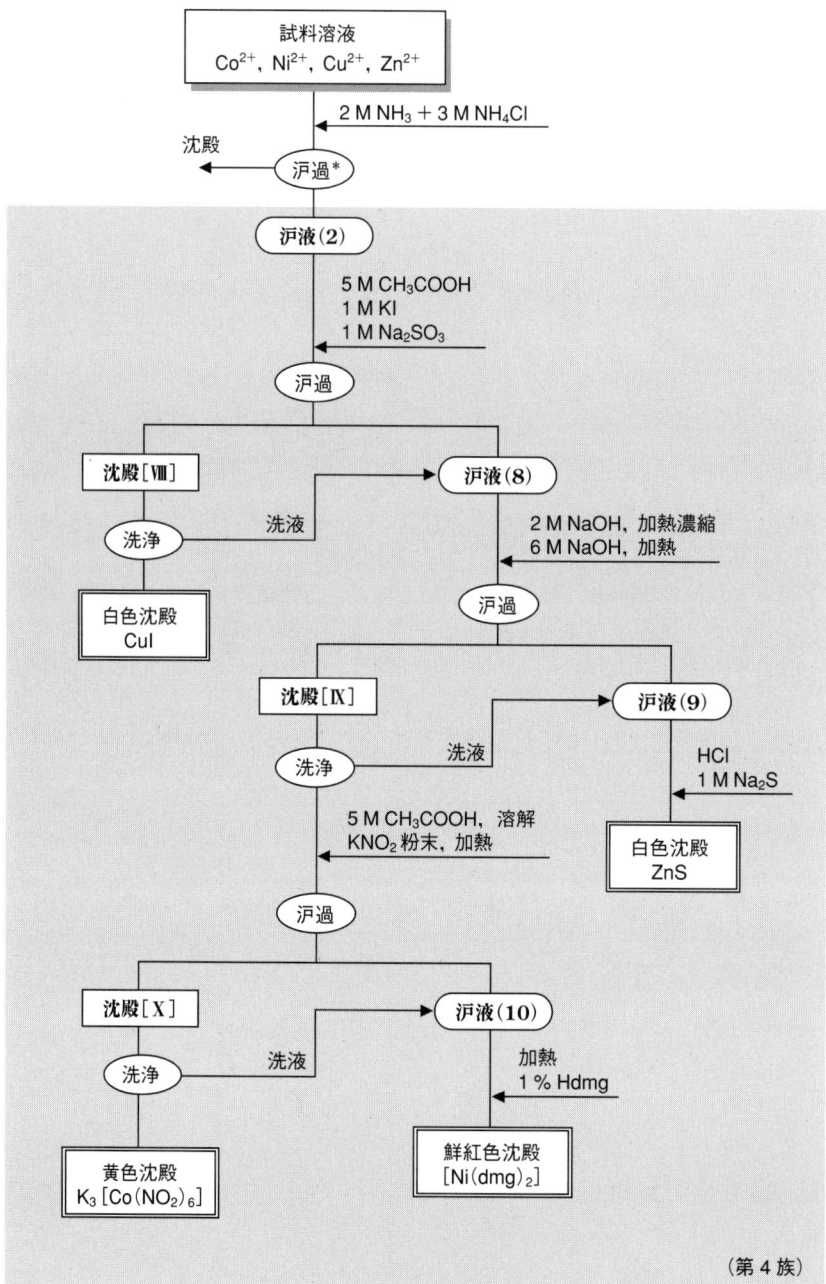

図1.3　第4族の分析過程
＊沈殿がなければ沪過の操作を省略してよい．

り混ぜよ．これらのイオンは加水分解して水酸化物の沈殿を生成することはないので，溶液の色が薄くなるだけで沈殿などは見られないはずである．

(2) 先ほどの試料溶液 3 ml に 3 M NH$_4$Cl 3 ml と 2 M NH$_3$ 2 ml を加えてアルカリ性にした後，弱いアンモニア臭が残るまで数分間加熱して，過剰のアンモニアを飛ばす．今回の試料には第 2, 3 族の陽イオンが含まれていないので，沈殿は生じないはずである．したがって，この溶液は 1.2 節 (4) あるいは 1.3 節 (2) の沪液 (**2**) に相当し，アンミン錯イオン [M(NH$_3$)$_{4-6}$]$^{2+}$ *1 を含み，そのまま第 4 族陽イオンの分析に供することができる．

*1 これらアンミン錯イオンの形は，それぞれ Co^{2+}, Ni^{2+} が八面体，Cu^{2+} が平面正方形，Zn^{2+} が四面体である．

$$Co^{2+} + 6\,NH_3 \longrightarrow [Co(NH_3)_6]^{2+}$$
$$Ni^{2+} + 6\,NH_3 \longrightarrow [Ni(NH_3)_6]^{2+}$$
$$Cu^{2+} + 4\,NH_3 \longrightarrow [Cu(NH_3)_4]^{2+}$$
$$Zn^{2+} + 4\,NH_3 \longrightarrow [Zn(NH_3)_4]^{2+}$$

(3) 5 M CH$_3$COOH を 2 ml 加え，弱酸性にする．ここに 1 M KI を 2 ml 加えると，Cu^{2+} イオンが存在すれば白色沈殿が生成し，溶液は濃い褐色になる．この褐色はヨウ化物イオン I$^-$ が Cu^{2+} に酸化されて生成した I$_2$ 沈殿によるもので，1 M Na$_2$SO$_3$ を加えて I$_2$ だけを還元して I$^-$ にもどし，I$_2$ 沈殿を溶液にもどす．ついで沪過し，沈殿（**沈殿 [VIII]**）と沪液（**沪液 (8)**）に分ける．**沈殿 [VIII]** を薄い Na$_2$SO$_3$ でよく洗う．白色沈殿であることが確認されたら，Cu^{2+} イオンの存在が確かめられる．

$$[Cu(NH_3)_4]^{2+} + 4\,H^+ \longrightarrow Cu^{2+} + 4\,NH_4^+$$
$$2\,Cu^{2+} + 2\,I^- \longrightarrow 2\,Cu^+ + I_2\downarrow$$
$$Cu^+ + I^- \longrightarrow CuI\downarrow$$
$$I_2\downarrow + SO_3^{2-} + H_2O \longrightarrow 2\,I^- + SO_4^{2-} + 2\,H^+$$

コラム

第 4 族の陽イオン

第 4 族の陽イオンには，Co^{2+}（電子配置は d^7），Ni^{2+}(3d^8)，Cu^{2+}(3d^9) および Zn^{2+}(3d^{10}) の各イオンがある．3d^{10} の電子配置をもつ Zn^{2+} 以外は遷移金属元素に属している．

第 4 族陽イオンの塩化物や硫酸塩は水によく溶けるが，加水分解して弱酸性を示す．いずれもアルカリ性のもとで水酸化物が沈殿するが，Zn^{2+} は濃い NaOH の強アルカリ性になると溶解する両性元素である．

配位子となりうる分子やイオンが存在すると，第 4 族陽イオンは容易に錯イオンを形成する．それらは Zn^{2+} を除いて各イオンに固有の色をもつものが多く，分析に利用される．ただし，同じ中心金属イオンであっても，配位子が異なると色が違ってくる．

(4) 沪液(8)に 2 M NaOH を 5 ml 加えてアルカリ性にし，蒸発皿でさらに濃縮して液量約 5 ml にする．これにより脱アンモニアされ，4 族陽イオンは水酸化物となって沈殿する．さらに 6 M NaOH を 10 ml 加えて緩やかに加熱すると，Zn^{2+} だけが溶液に溶けだす．溶液が十分に冷えてから沪過し，沈殿(沈殿[IX])と沪液[沪液(9)]に分ける．

$$Co^{2+} + 2\,OH^- \longrightarrow Co(OH)_2 \downarrow$$
$$Ni^{2+} + 2\,OH^- \longrightarrow Ni(OH)_2 \downarrow$$
$$Zn^{2+} + 2\,OH^- \longrightarrow Zn(OH)_2 \downarrow$$
$$Zn(OH)_2 + 2\,OH^- \longrightarrow [Zn(OH)_4]^{2-}$$

(5) 沪液(9)に濃塩酸と 3 M HCl を加えて中和し，さらに 5 M CH_3COOH を加えて pH が約 3 となるように調整したうえで*1，1 M Na_2S を加える．Zn^{2+} イオンが存在すれば白色沈殿 ZnS が生成する．この沈殿が見られれば，Zn^{2+} イオンの存在が確認できる．

*1 pH 値を調節せずに Na_2S を加えると，水酸化亜鉛 $Zn(OH)_2$ が一緒に沈殿する．水酸化亜鉛も硫化亜鉛も白色沈殿であるが，前者はゾル状であり，溶液が白濁する．一方，後者はしっかりした沈殿である．

$$Zn^{2+} + S^{2-} \longrightarrow ZnS \downarrow$$

(6) 沈殿[IX]を 2 M NaOH でよく洗浄する．漏斗を新しいビーカーで受け，加温した 5 M CH_3COOH 5 ml で沈殿を溶かしだす．この溶液に薬さじ約 1/3 量の KNO_2 粉末を加え，約 5 分間加熱した後，室温まで冷やす．溶液を沪過すると沈殿[X]と沪液(10)が得られる．沈殿[X]がヘキサニトロコバルト酸(III)カリウム $K_3[Co(NO_2)_6]$ の黄色沈殿であれば，Co^{2+} イオンの存在が確かめられる．

$$Co(OH)_2 + 2\,H^+ \longrightarrow Co^{2+} + 2\,H_2O$$
$$Co^{2+} + 7\,NO_2^- + 2\,H^+ \longrightarrow [Co^{III}(NO_2)_6]^{3-} + NO\uparrow + H_2O$$
$$3\,K^+ + [Co(NO_2)_6]^{3-} \longrightarrow K_3[Co(NO_2)_6] \downarrow$$

(7) 沪液(10)を十分に加熱し，過剰の KNO_2 を分解・除去する．これにジメチルグリオキシム $[CH_3C(=NOH)]_2$ ($=$ Hdmg*2) の 1 % エタノール溶液を数滴加える．ビス(ジメチルグリオキシマト)ニッケル $[Ni(dmg)_2]$ の鮮紅色沈殿が見られれば，Ni^{2+} イオンの存在が確かめられる．

*2 Hdmg : $CH_3\text{-}C=N\text{-}OH$
           |
           $CH_3\text{-}C=N\text{-}OH$
配位するときは
dmg : $CH_3\text{-}C=N\text{-}O^-$
      |
      $CH_3\text{-}C=N\text{-}OH$
の形になり，Ni^{2+} イオンには O 原子ではなく，2 個の N 原子で配位する．

$$Ni^{2+} + 2\,Hdmg \longrightarrow [Ni(dmg)_2]\downarrow + 2\,H^+$$

【結果の整理と課題】

観察結果をノートに書きとめ，各段階でどのような反応が起きているのか考察せよ．教科書の記載と異なる観察結果や沈殿が得られた場合は，なぜそのような結果になったのか検討せよ．

1.5 陽イオン未知試料の分析

第1～4族の未知イオン3種を含む試料について，全分析を行う．操作の全過程を図1.4に示す．1.2節から1.4節の各族の分析実験の説明をよく読み直し，反応をよく理解したうえで手際よく分析することが必要である．

今回は試料中のイオンの種類が3種に限定されているため，途中段階の溶液・沈殿の色や状態は必ずしも1.2～1.4節の記述通りではない点に留意する．必要な試薬の量も若干変わりうるので，アルカリ性・酸性などの条件はpH試験紙できちんと確認し，また確実に沈殿の分離ができていることを確

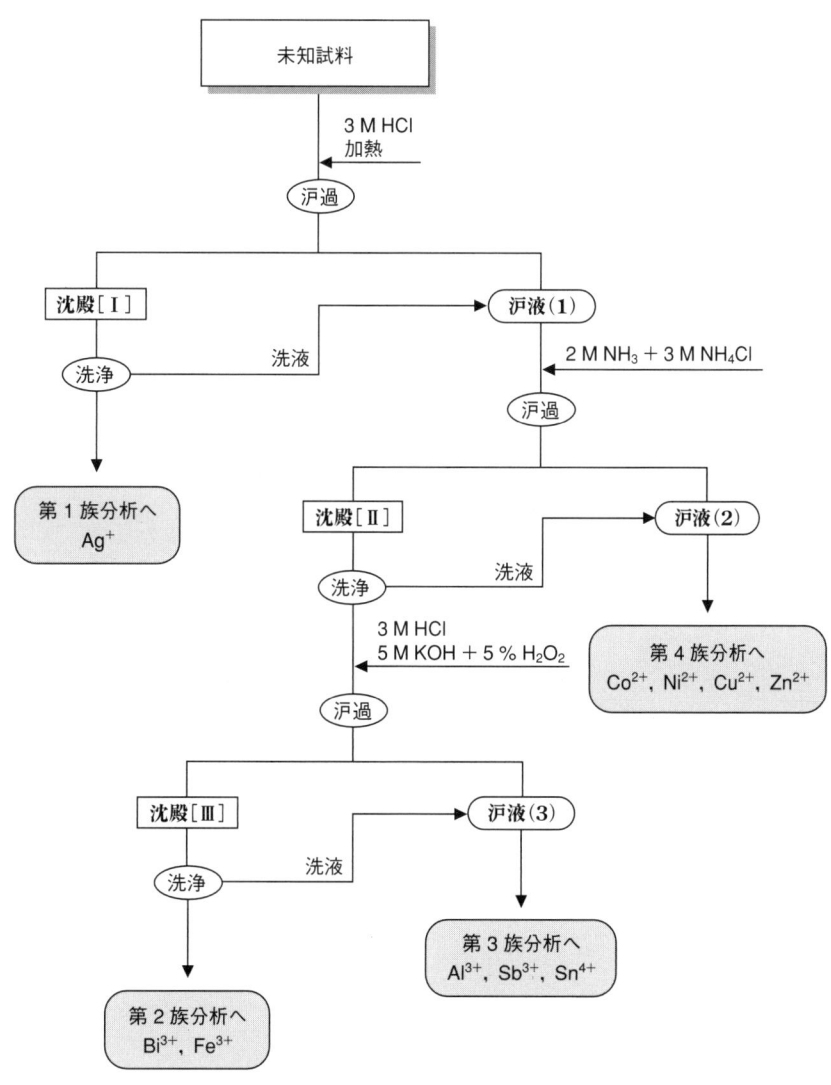

図1.4 第1～4族の系統分析過程

かめながら実験を進める必要がある．

【結果の整理と課題】

検出したイオン3種を報告用紙に記載し，得られた沈殿とともに提出して正誤を確認せよ．

また，各自が確認のために実際に行った実験過程図を書き，その各過程での観察結果をまとめ，与えられた試料についてどのような反応が起きていたか，1.2～1.4節の分析実験とどのような差が現れたか，それはなぜかを考察して，レポートを提出せよ．

2章 クロマトグラフィーによる分離

　クロマトグラフィー(chromatography)とは，混合物の各成分を分離，精製する手段である．この方法は，混合物中の各成分を確認，同定，定量する分析法の一つとして，実験室を始め工業的にも広く利用されている．

　クロマトグラフィーを身の回りの現象で考えてみよう．たとえば，雨にさらされた庭の板塀に黒褐色のしま模様の汚れを見かけることがある．これは，地中の成分が地表にたまった雨水とともに毛細管現象で板塀を上がっていき，雨があがった後，乾燥して帯状の汚れが残るからである．この現象はクロマトグラフィーの原理によく似ている．

　板塀の板はクロマトグラフィーでの固定相(stationary phase)に対応している．一方，毛細管現象で板塀を上がっていく水は移動相(mobile phase)に対応する．移動相に用いる溶媒を，一般に展開剤または展開溶媒という．雨水に溶けた汚れ成分は，クロマトグラフィーで分離分析される試料にあたる．

　クロマトグラフィーは，移動相が液体である場合には液体クロマトグラフィー，気体である場合にはガスクロマトグラフィーと呼ばれる．一方，固定相の型によりペーパークロマトグラフィー，カラムクロマトグラフィー，薄層クロマトグラフィーに分けられる．これらにはそれぞれ，固定相に短冊状に切った沪紙，ガラス製のカラムと呼ばれる管に吸着能をもつ微細な粉末を充填したもの，吸着能をもつ粉末をガラス板上などに薄い層状に塗布したものが使用されている．

　雨にさらされた板塀上にしま模様が描かれたのは，汚れ成分が毛細管現象で上がっていく過程で，各成分が分離されたことを示している．これは，各成分の上がっていく速度が異なるからである．

　混合物の成分のうち，固定相と非常に強く親和する成分物質は，移動相(溶媒)が上昇してきても溶媒中に溶けだしにくく，元の位置(原点)にとどまろ

うとする．一方，親和力が非常に弱い成分物質は，上昇してきた溶媒中に溶けだし，溶媒とともに上昇していく．しかし，クロマトグラフィーでは原点と溶媒の上昇先端に分離されるのではなく，図2.1で示すように，原点と溶媒の上昇先端との間の位置に分離される．溶媒中に溶けだした成分物質が，溶媒とともに上昇して新たな固定相表面に接すると，その表面に親和力によって再び引きとめられる．このように，成分物質の固定相[*1]および移動相に対する親和力の差によって移動速度が決まる．

[*1] 固定相は，沪紙に強く吸着された水分層のような場合もある．

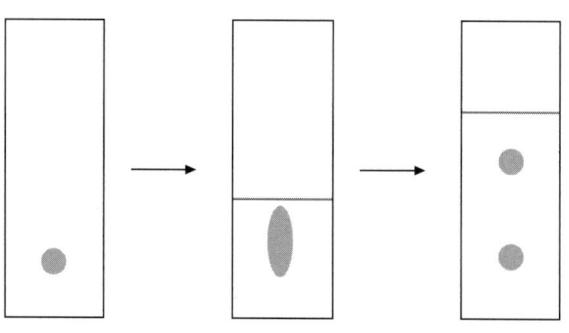

図2.1　クロマトグラフィーによる分離

クロマトグラフィーにおける親和力の差は吸着，分配，イオン交換などの効果によって生じるが，これらの効果は重なっている場合が多い．これらの分離効果のおもな要因によって，それぞれ吸着クロマトグラフィー（adsorption chromatography），分配クロマトグラフィー（partition chromatography），イオン交換クロマトグラフィー（ion exchange chromatography）に分けられる．

コラム

さまざまなクロマトグラフィー

吸着クロマトグラフィー

固定相の表面（界面）で，溶質（分子やイオン）の濃度が移動相の濃度より大きくなる現象を吸着という．この現象を利用した方法がこのクロマトグラフィーで，溶質の吸着力の差で分離する．

分配クロマトグラフィー

二つの相が共存するとき，溶質はそれぞれの相に存在できる．この分配と呼ばれる現象を利用した方法がこのクロマトグラフィーで，たとえば，固定相に強く保持された液相と移動相への溶質の分配力の差によって分離する．

イオン交換クロマトグラフィー

固定相に保持されているイオンと移動相中のイオンとが同符号どうしで，これらが交換される反応を利用した方法がこのクロマトグラフィーで，次のような可逆的な反応を利用して分離する．固定相（R–）にはポリスチレンなどの樹脂が一般に用いられる．

$$R-SO_3H + Na^+ \rightleftharpoons R-SO_3Na + H^+$$

2.1 ペーパークロマトグラフィー
2.1.1 はじめに

　ペーパークロマトグラフィー（paper chromatography）[*1]では，沪紙の一端に混合試料を滴下し，その下端を溶媒に浸すと，溶媒が毛細管現象で沪紙に吸い上げられる．このとき滴下した試料もともに上がっていくが，沪紙と溶媒に対する試料成分の親和力に差があるため，移動速度が異なって試料は各成分に分離される．沪紙上の試料が溶媒によって吸い上げられる現象を展開という．移動速度は，溶媒の移動距離と成分の移動距離との比で表される

[*1] ペーパークロマトグラフィーは，1944年にイギリスの生化学者 A. J. P. マーチンと R. L. M. シングによって開発された．両氏はこの業績によって1952年にノーベル化学賞を受賞した．

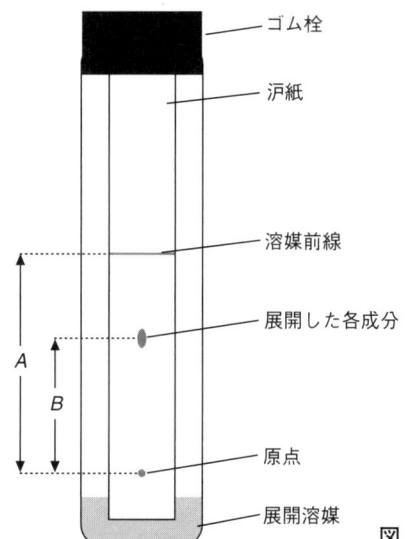

図2.2　ペーパークロマトグラフィー

（図2.2）．この比は移動率（R_f, rate of flow）と呼ばれ，次式で示される．

$$R_f = \frac{原点からの成分の移動距離}{原点からの溶媒の移動距離} = \frac{B}{A}$$

　この R_f 値は各成分物質の特徴を規定する重要な値である．しかし，R_f 値は沪紙の種類や状態，展開溶媒の組成，展開温度などによって変化するので，文献の値と比較するだけで試料を同定するのは早計である．正確に同定するためには，同一条件で純品を展開し，その R_f 値と比較する必要がある．

　まず，ペーパークロマトグラフィーによる無機陽イオンおよびフェノール類の分離を行い，測定した R_f 値から各成分を分析する．

2.1.2　実験 —— ペーパークロマトグラフィーによる無機陽イオンの分析

　ペーパークロマトグラフィーによる無機陽イオン（Fe^{3+}, Co^{2+}, Mn^{2+}, Ni^{2+}）

の定性分析を行う．展開溶媒としてはアセトン(50 ml)，ブタノール(20 ml)，および塩酸(10 ml)の混合溶媒を用いる．着色試料では分離された成分を直接確認できるが，無色の試料の場合には，発色剤を噴霧器で吹きつけて成分を呈色させ，スポットとして浮き上がらせる．ここでは，発色剤にオキシン[*1]のアルコール溶液を用いる．

*1 オキシン(oxine)，別名8-キノリノール，C_9H_7NO．水に不溶，アルコール，クロロホルム，ベンゼンなどに可溶．さまざまな金属とキレートをつくるので，金属イオンの分析に用いられる．

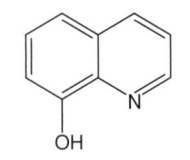

【器具】
 沪紙(2 cm × 30 cm)，沪紙と展開溶媒をいれるガラス管，同ガラス管立て，ゴム栓，ガラス毛細管(キャピラリーという)，噴霧器，試験管(4本)，試験管立て．

【試薬】
 無機陽イオン(Fe^{3+}，Co^{2+}，Mn^{2+}，Ni^{2+})の各 1 % 水溶液，これら陽イオンの混合水溶液試料，展開溶媒〔アセトン(50 ml)，ブタノール(20 ml)，および塩酸(10 ml)の混合溶液〕，発色剤(1 % オキシンアルコール溶液)，アンモニア水．

【操作】
 (1) 沪紙の下端から 4 cm の位置に鉛筆で薄く横線をいれる．ガラス毛細管(キャピラリー)の先端を混合試料水溶液につけ，その溶液をガラス管内に含ませる．横線をいれた位置の中央(原点)にガラス管の先をつけ，試料水溶液を沪紙上に滴下する．半径約 2～3 mm の円形状に滴下した後，2～3 分自然乾燥させる．

 (2) 展開溶媒を試験管の底から 3 cm の高さまでいれ，ゴム栓をして容器内が展開溶媒の蒸気で満たされるまで放置する．

 (3) 試料を滴下した沪紙をゴム栓の割れ目に差し込んだ後，展開溶媒をいれた試験管内に静かに挿入する．このとき沪紙が管壁に触れないように，また沪紙の下端が展開溶媒に 2 cm ほど浸るようにする．

 (4) 沪紙が展開溶媒につかると，溶媒が毛細管現象で直ちに上昇し始める．溶媒前線が原点の位置に達したときを出発点として，展開時間と溶媒前線の移動距離を記録する．

 (5) 溶媒前線が約 10 cm 移動したとき，試験管より沪紙をとりだし，溶媒前線の位置を鉛筆でマークした後，乾燥する．

 (6) 発色剤(1 % オキシンアルコール溶液)を噴霧した後，乾燥させる．次に，アンモニア水が入った試薬びんのふたをとり，びん口の上に沪紙を近づけてアンモニア蒸気にさらす．発色した部分(スポット)の輪郭とその中心を鉛筆でマークする．各スポットの色を確認した後，原点から溶媒前線まで，および原点から各スポットの中心までの距離を，それぞれ正確に測定する．また，発色剤を噴霧する前にスポットが観察されるなら，それを記録してお

く．

【結果の整理】
(1) 沪紙上の各スポットの R_f を計算し，次表に示す R_f 値を参考にして各無機陽イオンを同定する．
(2) 測定した R_f 値，発色の色調について，陽イオン別に次表にまとめる．
(3) 発色剤を噴霧する前に観察されたスポットがあれば，その色調も次表に示す．

イオン	参考 R_f 値	測定 R_f 値	色調
Fe^{3+}	0.70		
Co^{2+}	0.55		
Mn^{2+}	0.37		
Ni^{2+}	0.04		

【課題】
(1) 展開後の各陽イオンの分離状態を模式図で表せ．
(2) 陽イオンの種類によって，沪紙および溶媒との親和力の差はどのように変化していると考えられるか．
(3) いま，実験で用いた陽イオンがそれぞれ試薬びんに入っている．各試薬びん中の陽イオンをペーパークロマトグラフィーで同定する方法を示せ．
(4) 発色剤としては，ほかにどのような試薬があるか．

2.1.3 実験 —— ペーパークロマトグラフィーによるフェノール類の分析

ペーパークロマトグラフィーを用いてフェノール類(サリチル酸*1，カテコール*2，プロトカテク酸*3，没食子酸*4)の分離を行う．発色には塩化鉄(III)反応*5を用いる．R_f 値とその発色状態を観察する．

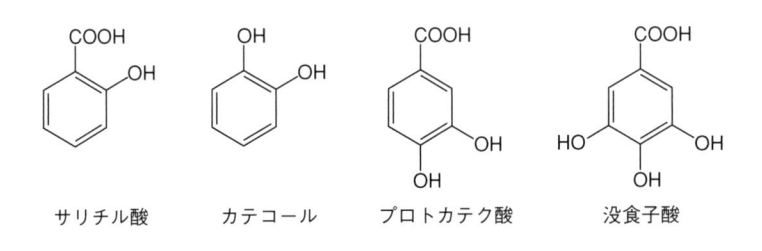

サリチル酸　　カテコール　　プロトカテク酸　　没食子酸

*1 別名 o-ヒドロキシ安息香酸．

*2 別名 o-ジヒドロキシベンゼン．

*3 別名 3,4-ジヒドロキシ安息香酸．

*4 別名 3,4,5-トリヒドロキシ安息香酸．

*5 フェノール類およびその誘導体は，塩化鉄(III)水溶液を加えると，それぞれ独特の呈色反応を示す．

【器具】

濾紙(2 cm × 30 cm), 濾紙と展開溶媒をいれるガラス管, 同ガラス管立て, ゴム栓, キャピラリー, 噴霧器, 試験管(4本), 試験管立て.

【試薬】

サリチル酸, カテコール, プロトカテク酸, 没食子酸の各1％アルコール溶液, これらフェノール類の混合試料溶液, 展開溶媒〔ベンゼン(70 ml), メタノール(20 ml), アセトン(5 ml), および酢酸(5 ml)の混合溶媒〕, 発色剤〔2％ 塩化鉄(Ⅲ)水溶液〕.

【操作】

(1) 濾紙の下端から4 cmの位置に鉛筆で薄く横線をいれる. キャピラリーを用いて, 横線をいれた位置の中央(原点)に混合試料を半径約2～3 mmの円形状に滴下し, 2～3分自然乾燥させる.

(2) 展開溶媒を試験管の底から3 cmの高さまでいれ, ゴム栓をして容器内が展開溶媒の蒸気で満たされるまで放置する.

(3) 試料を滴下した濾紙をゴム栓の割れ目に差し込んだ後, 展開溶媒をいれた試験管内に静かに挿入する. このとき濾紙が管壁に触れないように, また濾紙の下端が展開溶媒に2 cmほど浸るようにする.

(4) 濾紙が展開溶媒につかると, 溶媒が毛細管現象で直ちに上昇し始める. 溶媒前線が原点の位置に達したときを出発点として, 展開時間と溶媒前線の移動距離を記録する.

(5) 溶媒前線が約10 cm移動したとき, 試験管より濾紙をとりだし, 溶媒前線の位置を鉛筆でマークした後, 乾燥させる.

(6) 発色剤〔2％ 塩化鉄(Ⅲ)水溶液〕を噴霧した後, 呈色スポットの輪郭とその中心を鉛筆でマークする. 各スポットの色調を確認した後, 原点から溶媒前線まで, および原点から各スポットの中心までの距離を, それぞれ正確に測定する.

(7) 試料のフェノール類について, 個別にその発色を確認する. 4種のフェノール類アルコール溶液をそれぞれ試験管に1 mlいれ, 各試料に2％ 塩化鉄(Ⅲ)水溶液を数滴加え, その溶液の色を観察する.

【結果の整理】

(1) 個別に4種のフェノール類の発色試験を行った結果より, 各成分の色を次表にまとめる.

(2) 展開した各スポットについて, 観察された色調から成分を同定し, その R_f 値を計算して次表に記録する.

(3) 展開時間と溶媒の移動距離との関係をグラフにまとめる.

フェノール類	呈色結果		測定 R_f 値
	個別発色試験	沪紙上の色調	
サリチル酸			
カテコール			
プロトカテク酸			
没食子酸			

【課題】

(1) 試料のフェノール類について，化学構造(官能基)の共通点と相違点を示せ．

(2) 測定 R_f 値から，フェノール類の沪紙および溶媒に対する親和力は化学構造によってどのように影響されているか考えよ．

(3) 展開時間と溶媒の移動距離の関係をまとめたグラフは直線にならない．その理由を説明せよ．

2.2 カラムクロマトグラフィー

2.2.1 はじめに

カラムクロマトグラフィー(column chromatography)[*1]では，ガラス製の円柱状の管(これをカラムという)に粉末の固定相を充填した後，カラムの上端に混合試料を注入し，移動相の展開溶媒をカラムの上部から流すことによって各成分を分離する．

固定相には吸着能をもつ粉末(一般にシリカゲル，活性アルミナなど)が用いられる．カラムの上端に吸着した試料は展開溶媒とともに流下するが，さらに下流の固定相によって再び吸着される．このような吸着，溶出を順次繰り返すことによって，各成分がしだいに分離され，下端より溶離される．

2.2.2 実験 —— カラムクロマトグラフィーによる色素の分離

カラムクロマトグラフィーにより，染料に用いられるメチレンブルーとマラカイトグリーンの分離を行う．カラムクロマトグラフィーではそれぞれの成分を容易に分取できるので，それを確かめる．

メチレンブルー

マラカイトグリーン

[*1] ポーランドの植物学者ミケル・シェットが1906年，ガラス円柱に炭酸カルシウムを充填して葉緑素を分離したのが，カラムクロマトグラフィーの始まりである．

32　A編　物質の分離と定量

【器具】
　カラム管（内径 1 cm，長さ 20 cm），ビーカー（50 ml），三角フラスコ（250 ml），ホールピペット（3 ml），メスピペット（1 ml），目盛りつき試験管（10 ml），試験管（2 本）．

【試薬】
　シリカゲル（200～300 メッシュ[*1]），メタノール（展開溶媒），試料（メチレンブルー 1％ 水溶液とマラカイトグリーン 4％ 水溶液の混合溶液）．

[*1] 粒子をふるいにかけ，ふるいの目の大きさで粒子の大きさを等級づける方法として，イギリスで標準化された尺度．長さ 1 インチあたりの網目（メッシュ）の数で表す．

【操作】
（1）まず，図 2.3 で示すようなカラムを作製する．カラムの下端についているコックを閉じ，カラム管の約半分に展開溶媒のメタノールを満たす．ビーカーに約 10 g のシリカゲルをいれ，少量のメタノールで懸濁させ，静置して脱気する．カラムのコックを開け，懸濁液を上部から流し込み，長さが 10 cm 程度のシリカゲル層をつくる．このときカラム内に気泡が入らないように注意する．シリカゲル層の上部が 2 cm 程度のメタノールで満たされた状態でコックを閉じ，少量の海砂（2～3 mm）を加え，充填剤が舞い上がるのを抑える．作製したシリカゲル層の長さ（カラム長，L_0）を測定する．

（2）次に混合試料を注入する．下部のコックを開け，メタノールを緩やかに流し，液面を海砂表面まで下げてコックを閉める．混合試料溶液をメスピ

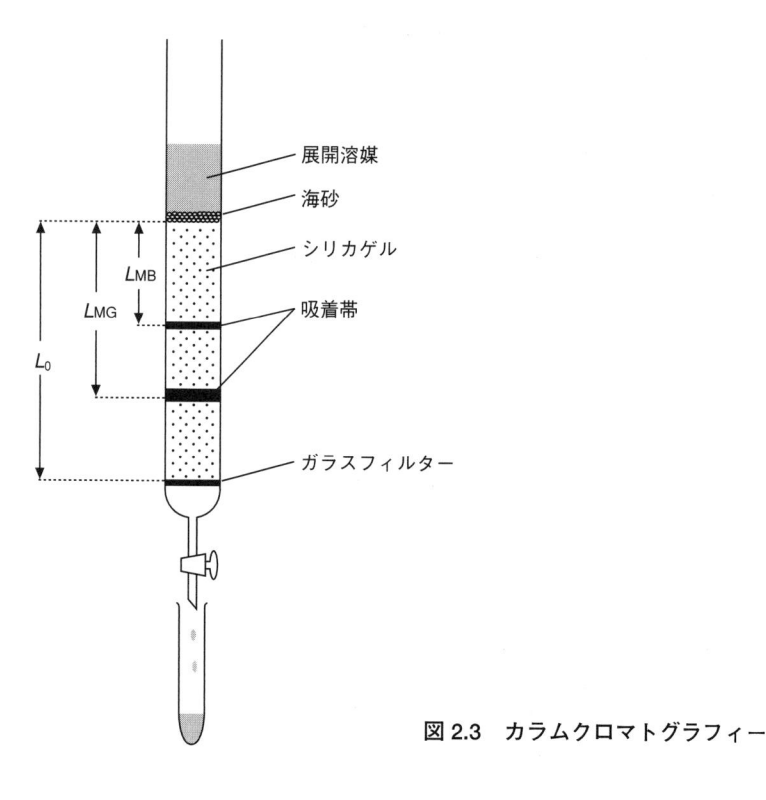

図 2.3　カラムクロマトグラフィー

ペットで 0.5 ml とり，海砂層を乱さないように注入した後，ホールピペットで少量のメタノールを加え，コックを開けて試料をシリカゲル層の上部に吸着させ，気泡がカラム内に入らないようにコックを閉じる．次の展開の操作を行う前に，試料が吸着されて生じる吸着帯の色を観察する．

(3) カラム上部にたえずメタノールを補給しながらコックを開け，展開を開始する．流出液を目盛りつき試験管で受けながら，メタノールを毎分 3～5 ml くらいの速さで流下させていくと，各成分の吸着帯はしだいに完全分離される．展開の開始とともに，流出液を目盛りつき試験管で 5 ml ずつ分割する．また，分割するごとに色素(メチレンブルーを MB，マラカイトグリーンを MG で略記)の吸着帯の移動距離(L_{MB} と L_{MG})とその幅(W_{MB} と W_{MG})を測定する．色素が分離されて溶出し始めたときの流出液量を求め，着色している溶出液を別の試験管で捕集(分取)する．

【結果の整理】

(1) 溶出液量と，移動距離(L_{MB} と L_{MG})，その幅(W_{MB} と W_{MG})との関係を次表にまとめる．

溶出液量/ml	メチレンブルー		マラカイトグリーン	
	L_{MB}	W_{MB}	L_{MG}	W_{MG}
5				
10				
15				
・				
・				

(2) カラム長(L_0)に対する移動距離は溶離定数と呼ばれる．溶離定数($R_{MB} = L_{MB}/L_0$ と $R_{MG} = L_{MG}/L_0$)を計算し，溶出液量との関係をグラフにまとめる．

(3) 成分(MB と MG)が流出し始めるときまでに流下した展開溶媒の容積を保持容量という．各成分の保持容量を測定し，記録する．

(4) カラムクロマトグラフィーで分取した各成分溶液の色調を観察する．

【課題】

(1) カラムに色素を吸着させた最初の吸着帯，展開を始めたときの吸着帯の様子を図示せよ．

(2) 溶離定数は展開時間につれてどのように変化したか．

(3) 展開とともに吸着帯の幅はどのように変化したか．また，その理由を

説明せよ．

2.3 薄層クロマトグラフィー
2.3.1 はじめに

薄層クロマトグラフィー(thin layer chromatography, TLC)とは，ガラス板，アルミニウム板，プラスチック板などの表面に，吸着能をもつシリカゲル，活性アルミナなどの微粉末を固定相として，薄い層に塗り固めて用いるクロマトグラフィーである．薄層クロマトグラフィーはペーパークロマトグラフィーやカラムクロマトグラフィーと比較して，展開時間が短くてすむ．微量物質の分離が可能であり，さらにスポットを発色させるために強酸や強塩基が使えたり，高温に加熱したりできるなどの利点がある．欠点は，R_f 値の再現性があまりよくないことである．したがって，純品も同時に展開する必要がある．

2.3.2 実験 ── 薄層クロマトグラフィーによるアニリン誘導体の分離

薄層クロマトグラフィーを作製し，それによるニトロアニリン異性体の分離について学ぶ．また，さまざまな溶媒を用いて展開することによって，展開溶媒の極性と異性体の分離結果について考える．

コラム

溶媒の極性

固体を溶媒に溶かしたり，2種類の液体どうしを混ぜたりしたとき，よく溶け合う場合と溶け合わない場合がある．これは溶質と溶媒の性質に関係しており，極性という言葉で説明される．

塩化水素のような異なる原子からできている二原子分子では，正の電荷(原子核)と負の電荷(電子)の電気的重心の位置が一致しないので，分子内に正負の極が生じる．このような電荷の偏りをもつ分子を極性分子といい，偏りがない分子を無極性分子という．多原子分子の場合，両者の区別は構造の対称性で決まり，対称中心をもつ分子は無極性になる．たとえば，二酸化炭素分子は無極性，水分子は極性である．

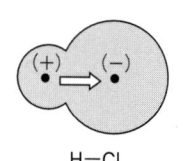

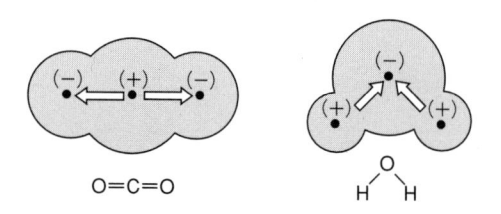

溶解を極性の面から考えると，無極性溶質が無極性溶媒に溶けやすい傾向を示すのに対し，極性溶媒は極性溶質を溶かしやすい．

o-ニトロアニリン　　m-ニトロアニリン　　p-ニトロアニリン

【器具】
ガラスプレート(スライドガラス，4枚)，展開容器(100 ml 広口試薬びん，4個)，ガラス毛細管(キャピラリー)，駒込ピペット(10 ml)．

【試薬】
ニトロアニリン異性体，シリカゲル(薄層クロマトグラフィー用)，展開溶媒(酢酸エチルとヘキサン)，ヨウ素(呈色剤)．

【操作】
(1) まず薄層プレートを作製する．広口試薬びん内に，シリカゲル 20 g を 60 ml のヘキサン溶媒に懸濁させた液をつくっておく．スライドガラス 2 枚を重ね合わせ，その一端を親指と人差し指でもち，その懸濁液に浸して引き上げる．溶媒はすぐに蒸発して薄層ができるから，2 枚を引き離し，薄層面を上にして 10〜15 分間乾燥させる．薄層面はもろいので，手荒く取り扱わないように注意する．

(2) 試料溶液につけたキャピラリーの下端を，薄層プレートの下端より約 6 mm の位置にシリカゲル層を傷つけないように押しつけ，プレート上に試料溶液(2〜3 mm の大きさ)を塗布する．このとき，試料を塗布した場所がわかるように，プレートの端に前もって鉛筆で印をつけておく．このようにして作製したプレートを 3 枚用意する．

(3) 展開溶媒として，酢酸エチルとヘキサンの混合溶媒(1：1)をいれた展

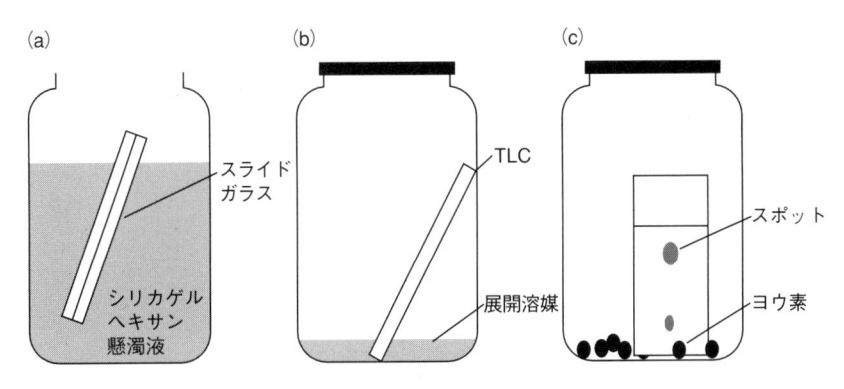

図 2.4　TLC の調製(a)，展開(b)および発色(c)

開容器を準備する．溶媒を深さ 5 mm までいれた展開容器に，準備したプレートのうちの 1 枚を容器内面に立てかけるようにして静置し，ふたで展開容器を閉じる．このとき容器全体を揺すらないように注意する．容器内での展開は速く，約 5～6 cm 展開したところでプレートをとりだし，直ちに溶媒の上端（フロント）に鉛筆で印をつけて乾燥させる．

（4）次に残り 2 枚のプレートを用い，酢酸エチルとヘキサンとの混合比を 2:1 および 1:2 にした展開溶媒を調製し，操作(3)と同様に試料を展開させる．

（5）広口試薬びんにヨウ素の結晶を少量いれ，展開後のプレートをそこに挿入し，ふたをしてスポットの呈色を観察する．スポットが確認できれば，プレートをとりだし，移動距離を測定して R_f 値を計算する．

【結果の整理】

（1）酢酸エチルとヘキサンとの混合比が 1:1 の展開溶媒で展開したプレートの R_f 値を計算し，次表に示す R_f 値を参考にしてニトロアニリン異性体を同定する．

（2）酢酸エチルとヘキサンとの混合比を 2:1 および 1:2 として展開した R_f 値の結果を次表にまとめる．

（3）ヨウ素で呈色させたスポットの色調を観察する．

アニリン異性体	参考 R_f 値	測定 R_f 値		
	混合溶媒(1:1)	混合溶媒(1:1)	混合溶媒(2:1)	混合溶媒(1:2)
o-ニトロアニリン	0.69			
m-ニトロアニリン	0.56			
p-ニトロアニリン	0.46			

【課題】

（1）測定した R_f 値とアニリン異性体の構造との関係は，どのようになっているか．

（2）展開溶媒中の酢酸エチルあるいはヘキサンの割合が増すと，R_f 値はどのように変化するか．また，その理由を説明せよ．

（3）いま，ラベルが不鮮明な試薬びんにニトロアニリンが入っている．このニトロアニリンの異性体を TLC で同定する方法を示せ．

（4）薄層クロマトグラフィーでは，ペーパークロマトグラフィーの場合と同様に，混合物試料中の各成分を分取することができる．どのような操作をすればよいか．

3章 滴定による定量

　滴定(titration)による定量は一般に容量分析(volumetric analysis)と呼ばれる．これは，濃度がわかっている標準溶液(standard solution)を，ビュレットを用いて試料溶液に滴下して反応させ，当量点(equivalence point)[*1]に達したときを"指示薬(indicator)"などを用いて決め，標準溶液の濃度と体積から試料溶液中の目的成分を定量する方法である．この方法は主要成分分析に適し，有効数字4桁の分析値を得ることができ，器具および操作法の容易さから広く利用されている．とくにキレート滴定の完成により金属を直接滴定できるようになってから，いっそう大きな分野を占めるようになった．

　この定量に用いられる反応は，溶液中での酸塩基，酸化還元，沈殿生成，金属錯体の生成などに基づいている．これらの反応が容量分析に適用できるためには，次のような条件が必要である．

(1) 反応が定量的に進行して，逆反応を伴わないこと．
(2) 反応速度が大きいこと(あるいは触媒などにより大きくできること)．
(3) 反応の終点を明確に定める手段があること．

　容量分析を行うには，正確な体積を測るための容器(測容器と呼ばれている)と濃度がわかっている標準溶液が必要である．

*1　当量点とは理論的(化学量論的)な反応の完了点のことであり，終点(end point)とは滴定(実験)で求められる反応の完了点のことをいう．

3.1　測容器と標準溶液
3.1.1　測　容　器

　容量分析では，おもにメスフラスコ(volumetric flask)，ビュレット(buret)，ピペット(pipet)の3種類の測容器を用いる．これらの測容器は必ずしも乾燥させなくてもよい場合が多い．ビュレットやピペットの内部が水でぬれている場合，試料溶液や標準溶液を少量用いて内部を数回洗う(これを共洗いという)とよい．またメスフラスコは，水溶液を調製する場合，水でぬれていてもよい．

(1) メスフラスコ〔図3.1(a)〕

溶液の体積を正しく一定量とするときに用いる容器である．これは受用と呼ばれ，20℃で決められた印(標線)まで溶液を満たしたとき，その体積が容器に表示された体積となる．なお，受用は E(Einguß) または TC(To Contain) という記号で示される．

(2) ビュレット〔図3.1(b)〕

ガラス管に目盛りをして，流しだした溶液の体積を測るための容器で，0.1 ml ごとに目盛りをいれたものが多い．液量は目盛り線の間を目分量で判定し，最小目盛りの 1/10 の桁(0.01 ml)まで読みとる．これは出用と呼ばれ，20℃で容器から水を流しだしたとき，流しだされた水の体積が表示体積となる．なお，出用は A(Ausguß) または TD(To Deliver) という記号で示される．

液を滴下するとき，1滴より細かく分けるのは困難である．そこで1滴 0.03〜0.05 ml の誤差が必然的に入ってくる．これは 10 ml 滴下した場合はその 0.3〜0.5% に相当する．また，あまり早く滴下させると誤差を生じるから，目盛りを読む前に時間をおいて，液を静止させる必要がある．

ビュレットに液をいれたとき，活栓の下の部分に空気が泡となって入り込

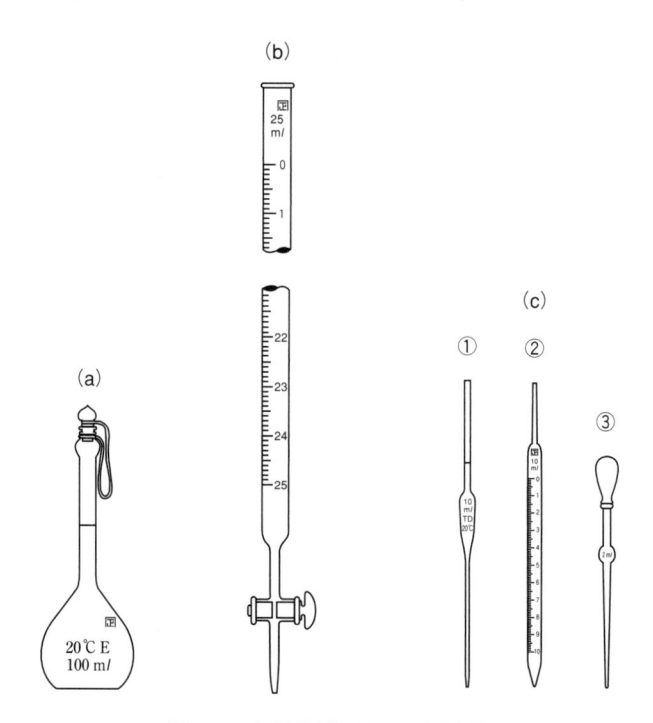

図3.1 容量分析で用いる測容器
(a)メスフラスコ．(b)ビュレット．(c)①ホールピペット，②メスピペット，③駒込ピペット．

むことがある．このときは活栓を全開して勢いよく液をだすとよい．

(3) ピペット〔図 3.1(c)〕

一定体積の溶液をとるための容器である．標線まで水を吸い上げ，それを流しだしたときの水の体積がそのピペットの容量なので，出用である．

①はホールピペットと呼ばれ，最も精密さを必要とするときに用いられる．②はメスピペットで，端数の液量を流しだせるようビュレットのように目盛りがついている．③は駒込ピペットで，溶液をほかの容器に移したりするときに用いられ，目盛りは単に目安の意味しかもたない．ホールピペットとメスピペットを使うときは，内部を目的の溶液で 2, 3 回洗ってから使用する．それから，あらためて目的の溶液を標線よりも 2〜3 cm 上まで吸い上げてから下降させ，標線に合わせる．

すべての測容器内の液量の合わせ方は，図 3.2(a)のように液面のメニスカス (meniscus)[*1] の下端が標線に接するようにする．また，液面のメニスカスを水平方向からのぞいて，それに対する接線の位置を読みとるようにしなければならない．

[*1] 細い管の中の液体の表面がつくる曲面の形のことをいい，三日月を意味するギリシャ語が起源である．

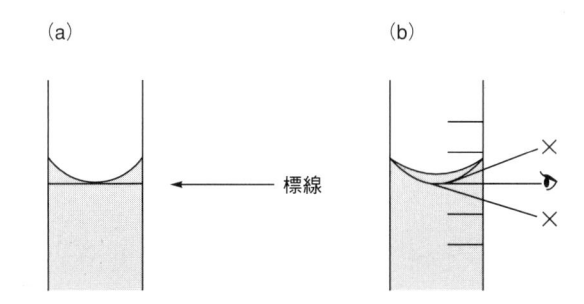

図 3.2 測容器の標線の合わせ方(a)とメニスカスの見方(b)

3.1.2 標 準 溶 液

容量分析で用いる標準溶液を調製するとき，基準となるものが標準試薬であり，一次標準 (primary standard) とも呼ばれている．中和滴定用には炭酸ナトリウム，アミド硫酸，フタル酸水素カリウム，酸化還元滴定用にはシュウ酸ナトリウム，酸化ヒ素(Ⅲ)，二クロム酸カリウム，ヨウ素酸カリウム，沈殿滴定用には塩化ナトリウム，フッ化ナトリウム，キレート滴定用には亜鉛，銅などが用いられる．

一次標準を所定の乾燥条件に従って乾燥させ，その一定量を純水で溶かすと一次標準溶液が得られる．この一次標準溶液によって塩酸や過マンガン酸カリウムなどの溶液の濃度を決定し，二次標準溶液 (secondary standard) を調製する．一般にこの操作を標定 (standardization) という．標準溶液の濃度

は 0.1 M, 0.01 M 溶液などとして調製するが,たとえば 0.1 M 水酸化ナトリウム溶液を標定した結果,0.1010 M(小数点以下 4 桁まで求める)であれば,「0.1 M NaOH($f = 1.010$)」と表す.f はファクター(factor)と呼ばれ,モル濃度係数を示す.

3.2 中和滴定
3.2.1 はじめに
酸 HA と塩基 BOH が反応すると

$$HA + BOH \longrightarrow BA + H_2O \tag{3.1}$$

のように塩 BA と水 H_2O が生じる.このとき,一方の酸 HA または塩基 BOH の濃度と体積がわかっていれば,それを中和するのに要する塩基 BOH あるいは酸 HA の体積から,その濃度を求めることができる.また,滴定の終点は適当な指示薬を用いれば求められるはずである.このように,中和滴定(neutrarization titration)では終点と当量点が等しくなるような指示薬を選択することが必要である.

3.2.2 指示薬と pH の関係
水素イオン濃度を調べるときの pH 指示薬(有機色素)は弱酸または弱塩基で,有機色素分子から H^+ が電離するとき変色を起こす性質を利用している.したがって中和滴定に用いられる pH 指示薬は,ある特定の pH 範囲内で色の変化を起こすものが選ばれる.さまざまな pH 指示薬を表 3.1 に示す.

表 3.1 中和滴定に用いられる指示薬

指示薬	変色 pH 域	濃度	酸性色	塩基性色
チモールブルー	1.2〜2.8	0.1 % アルコール溶液	赤	黄
	8.0〜9.6	0.1 % アルコール溶液	黄	青
コンゴーレッド	3.0〜5.2	0.1 % 水溶液	青	赤
メチルオレンジ	3.1〜4.4	0.1 % 水溶液	赤	黄
メチルレッド	4.2〜6.3	0.1 % アルコール溶液	赤	黄
ニュートラルレッド	6.8〜8.0	100 mg/(30 ml アルコール+70 ml 水)	赤	黄
フェノールレッド	6.8〜8.4	0.1 % アルコール溶液	黄	赤
フェノールフタレイン	8.3〜10.0	0.1 % アルコール溶液	無	赤
チモールフタレイン	8.0〜9.6	0.1 % アルコール溶液	無	青

フェノールフタレインおよびメチルオレンジの色と構造との関係を図 3.3 に示す.人間の眼で混合色の濃さを見分ける限界は,[塩基型]:[酸型]の

(a)

酸性および中性溶液中
ラクトン型(無色)

塩基性溶液中
キノン型(赤色)

(b)

酸性溶液中(赤色)

中性および塩基性溶液中(黄色)

図 3.3 フェノールフタレイン(a)およびメチルオレンジ(b)の構造と色の関係

濃度比がほぼ1:10のときである．したがって，指示薬の変色が認められるためには pH が2近く変わらなければならない．

3.2.3 滴定曲線

指示薬を用いた中和滴定では終点の値のみが得られるが，滴定が進行中の pH の変化を知ることは指示薬を選択するうえで重要である．図3.4に0.1 M

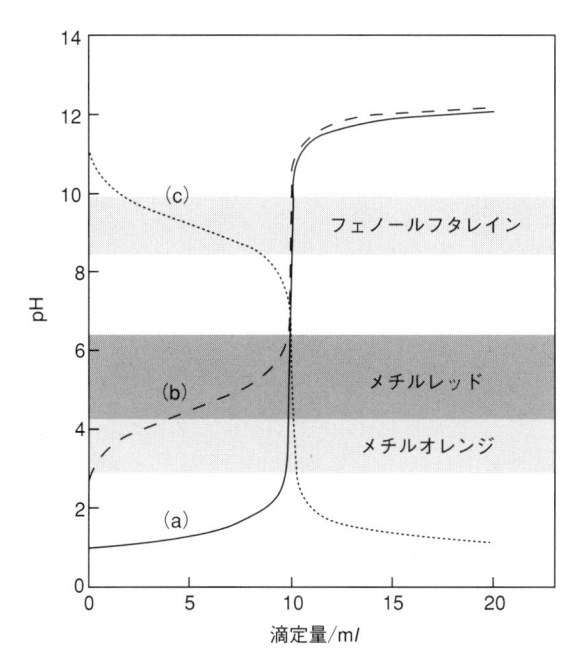

図 3.4 0.1 M 塩酸(a)，酢酸(b)およびアンモニア水(c) 10 ml の滴定曲線
(a)，(b)は 0.1 M 水酸化ナトリウム溶液，
(c)は 0.1M 塩酸で滴定．

塩酸，酢酸およびアンモニア水の滴定曲線（titration curve）を示す．酸は0.1 M 水酸化ナトリウム水溶液で，アンモニア水は 0.1 M 塩酸で滴定している．これからわかるように，強酸-強塩基ではどれを用いてもよいが，弱酸-強塩基ではフェノールフタレイン，強酸-弱塩基ではメチルレッドあるいはメチルオレンジを用いなければならない．

3.2.4　実験 ── 中和と指示薬

【目的】

指示薬により終点が異なる場合があることを確かめ，中和滴定と指示薬の選択について調べる．

【器具】

ホールピペット（10 ml，3本），ビュレット（25 ml），三角フラスコ（100 ml，4個），漏斗．

【試薬】

0.1 M フタル酸水素カリウム標準溶液，0.1 M 水酸化ナトリウム溶液，0.1 M 塩酸，0.1 M 酢酸，0.1 % フェノールフタレイン溶液，0.1 % メチルオレンジ溶液．

【操作1】フタル酸水素カリウムによる水酸化ナトリウムの標定

0.1 M フタル酸水素カリウム標準溶液 10 ml を，ホールピペットで正確に 100 ml の三角フラスコ 4 個にそれぞれとり，これに 0.1 % フェノールフタレイン溶液を 2, 3 滴いれる．三角フラスコの下に白紙を置き，色の変化を見やすくする．一方，ビュレットには 0.1 M 水酸化ナトリウム溶液を先端まで満たし，0 ml の目盛りに合わせる．そして，三角フラスコのフタル酸水素カリウム標準溶液にビュレットから 0.1 M 水酸化ナトリウム溶液を滴下する．8 ml 近くまでは急速に加えてもよいが，以後は少しずつ注意深く滴下する．滴下ごとに溶液をよくかき混ぜる．フェノールフタレインが赤色に着色したところで，ビュレットの目盛りを 0.01 ml まで読みとる．1 回目はだいたいの終点を調べ，残り 3 回の滴定で正確に測り，滴定値の平均を求める．

【操作2】水酸化ナトリウム標準溶液による塩酸と酢酸の滴定

0.1 M 塩酸 10 ml をホールピペットで正確に 100 ml の三角フラスコ 4 個にそれぞれとり，これに 0.1 % フェノールフタレイン溶液を 2, 3 滴いれる．三角フラスコの下に白紙を置き，色の変化を見やすくする．一方，ビュレットには操作 1 で標定した 0.1 M 水酸化ナトリウム標準溶液を先端まで満たし，0 ml の目盛りに合わせる．そして，三角フラスコの塩酸にビュレットから 0.1 M 水酸化ナトリウム標準溶液を滴下する．8 ml 近くまでは急速に加えてもよいが，以後は少しずつ注意深く滴下する．滴下ごとに溶液をよくかき混

ぜる．フェノールフタレインが赤色になったところで，ビュレットの目盛りを 0.01 ml まで読みとる．同様に，メチルオレンジを指示薬として滴定を行い，溶液が赤色から橙色になったところでビュレットの目盛りを読みとる．1 回目はだいたいの終点を調べ，残り 3 回の滴定で正確に測り，滴定値の平均を求める．次に 0.1 M 酢酸 10 ml についても，フェノールフタレインおよびメチルオレンジを用いて 0.1 M 水酸化ナトリウム標準溶液で滴定を行い，終点の目盛りを読みとる．

【結果の整理】
(1) 0.1 M 水酸化ナトリウム溶液のファクター(f)を求めよ．
(2) 塩酸および酢酸の滴定に，フェノールフタレインおよびメチルオレンジを指示薬に用いたときの終点をそれぞれ求め，比較・検討せよ．

3.2.5 実験 —— 食酢中の酢酸の定量

【目的】
中和滴定により食酢中の酢酸の量を求める．

【器具】
ホールピペット(5, 10 ml)，メスフラスコ(100 ml)，ビュレット(25 ml)，三角フラスコ(100 ml，4 個)，漏斗．

【試薬】
食酢，0.1 M 水酸化ナトリウム標準溶液，0.1 % フェノールフタレイン溶液．

【操作】
食酢 5 ml をホールピペットで正確にとり，100 ml のメスフラスコにいれ，標線まで純水を加える．ふたをしてよく振り混ぜておく．薄めた食酢 10 ml をホールピペットで 100 ml の三角フラスコ 4 個にそれぞれ正確にとり，これに 40 ml の純水を加える．さらに 0.1 % フェノールフタレイン溶液を 2, 3 滴いれ，0.1 M 水酸化ナトリウム標準溶液で滴定する．フェノールフタレインが赤色になったところで，ビュレットの目盛りを 0.01 ml まで読みとる．1 回目はだいたいの終点を調べ，残り 3 回の滴定で正確に測り，滴定値の平均を求める．

【結果の整理】
食酢 100 ml 中の酢酸の含量(g)とモル濃度(M)を求めよ．ただし，食酢の比重は 1 とする．

3.2.6 課題
強酸-強塩基，弱酸-強塩基，強酸-弱塩基の滴定に適した指示薬を調べ，そ

の理由を述べよ．

3.3 酸化還元滴定
3.3.1 はじめに

酸化還元滴定(oxidation-reduction titration または redox titration)は酸化還元反応を利用した滴定である．酸化還元反応においては，酸化剤(oxidizing reagent)はほかの物質から電子をとり，それ自身は還元され，還元剤(reducing reagent)は電子をほかの物質に与えて自身は酸化される．酸化還元滴定に利用されるいくつかの酸化還元対を表3.2に示す．たとえば，

表3.2 酸化還元滴定に利用されるおもな酸化還元対

試薬	反応
$KMnO_4$	$MnO_4^- + 8H^+ + 5e^- \rightleftharpoons Mn^{2+} + 4H_2O$
$Ce(SO_4)_2$	$Ce^{4+} + e^- \rightleftharpoons Ce^{3+}$
$K_2Cr_2O_7$	$Cr_2O_7^{2-} + 14H^+ + 6e^- \rightleftharpoons 2Cr^{3+} + 7H_2O$
KIO_3	$IO_3^- + 6H^+ + 6e^- \rightleftharpoons I^- + 3H_2O$
H_2O_2	$O_2 + 2H^+ + 2e^- \rightleftharpoons H_2O_2$
I_2	$I_3^- + 2e^- \rightleftharpoons 3I^-$
$Na_2S_2O_3$	$S_4O_6^{2-} + 2e^- \rightleftharpoons 2S_2O_3^{2-}$
$H_2C_2O_4$	$2CO_2 + 2H^+ + 2e^- \rightleftharpoons H_2C_2O_4$

硫酸溶液中の過酸化水素の一定量を過マンガン酸カリウム標準溶液で滴定する場合の反応は

$$5H_2O_2 + 2KMnO_4 + 3H_2SO_4 \longrightarrow 2MnSO_4 + 5O_2 + 8H_2O + K_2SO_4 \tag{3.2}$$

と表される．この場合は中和滴定と異なり，滴定の終点は適当な指示薬を必要とせず，溶液がわずかに着色したところから求められる．過マンガン酸カリウムやヨウ素を用いる酸化還元滴定法は，滴定溶液が当量点をわずかに過ぎたところで試料溶液が着色または消色することを利用したもので，厳密には滴定の終点と当量点は一致しない．このように，これらの滴定法は原理的にはある程度の誤差が予想されるが，たいへん簡便であることから，これまで利用されてきた．

3.3.2 実験 —— オキシドール中の過酸化水素の定量
【目的】

過マンガン酸カリウム法により，市販のオキシドール中の過酸化水素の量を求める．

【器具】

ホールピペット〔5, 10 m*l*, 2本(10 m*l*のみ)〕, メスフラスコ(200 m*l*), ビュレット(25 m*l*), 三角フラスコ(100 m*l*, 4個), 駒込ピペット(10 m*l*), 漏斗.

【試薬】

0.0125 M シュウ酸ナトリウム標準溶液, 0.005 M 過マンガン酸カリウム溶液, オキシドール, 3 M 硫酸.

【操作1】シュウ酸ナトリウムによる過マンガン酸カリウムの標定

0.0125 M シュウ酸ナトリウム標準溶液 10 m*l* を, ホールピペットで正確に 100 m*l* の三角フラスコ 4 個にそれぞれとり, これに純水 40 m*l* を加える. さらに 3 M 硫酸を 15 m*l* 駒込ピペットでとって加え, 酸化速度を高めるために, 70℃ ぐらいまでゆっくりと加熱する. 一方, ビュレットには 0.005 M 過マンガン酸カリウム溶液を先端まで満たし, 0 m*l* の目盛りに合わせる*1. そして, ビュレットから 0.005 M 過マンガン酸カリウム溶液を徐々に滴下する. 過マンガン酸カリウムの反応は最初遅いため, 赤紫色の消失は遅いが, 滴定が進むにつれ, 反応で生じた Mn^{2+} が触媒となって反応速度が速くなり, 直ちに赤紫色が消えるようになる. ただし, 過マンガン酸カリウム溶液の滴下が速すぎると, 一部副反応によって二酸化マンガンが生じるので, 赤紫色が消えてから加えるべきである. 終点に近づくと赤紫色の消失速度が遅くなるが, かき混ぜてから 15 秒間ぐらいで, ごく淡い赤紫色が残っているところを終点とする. ここでビュレットの目盛りを小数点以下 2 桁まで読みとる. 1 回目はだいたいの終点を調べ, 残り 3 回の滴定で正確に測り, 滴定値の平均を求める.

*1 過マンガン酸カリウム溶液は着色が強く, メニスカスを通常のように見ることが困難であるので, この滴定に限ってはビュレットの最も上の液面で目盛りを読む.

【操作2】オキシドール中の過酸化水素の定量

オキシドール 5 m*l* をホールピペットで正確にとり, 200 m*l* のメスフラスコにいれ, 標線まで純水を加える. ふたをしてよく振り混ぜておく. 薄めたオキシドール 10 m*l* を, ホールピペットで 100 m*l* の三角フラスコ 4 個にそれぞれ正確にとる. これに純水を加えて 50 m*l* とし, さらに 3M 硫酸 5 m*l* を駒込ピペットでとって加え, 0.005 M 過マンガン酸カリウム標準溶液で滴定し, ごく淡い赤紫色が残っているところを終点とする. 1 回目はだいたいの終点を調べ, 残り 3 回の滴定で正確に測り, 滴定値の平均を求める.

【結果の整理】

操作 1 : 0.005 M 過マンガン酸カリウム溶液のファクター(f)を求めよ.

操作 2 : オキシドールの比重を 1 として, 過酸化水素の濃度(%)を求めよ. また, 触媒を使用したとき

$$2\,H_2O_2 \longrightarrow 2\,H_2O + O_2 \tag{3.3}$$

のように分解すると，オキシドール $1\,l$ から発生する酸素の体積は $0\,℃$，1気圧で何 l になるか．

3.3.3 実験 ―― 排水中の化学的酸素要求量(COD)[*1] の測定

【目的】

過マンガン酸カリウム法により排水中の化学的酸素要求量(COD)を求める．

【器具】

ホールピペット($10\,ml$，2本)，メスシリンダー($100\,ml$)，ビュレット($25\,ml$)，三角フラスコ($100\,ml$，5個)，駒込ピペット($10\,ml$，2本)，漏斗．

【試薬】

$0.005\,M$ 過マンガン酸カリウム標準溶液，$0.0125\,M$ シュウ酸ナトリウム標準溶液，$6\,M$ 硫酸，20 % 硝酸銀溶液．

【操作】

試料水 $V\,ml$ をメスシリンダーでとり，純水を加えて $50\,ml$ とし，振り混ぜながら 20 % 硝酸銀溶液 $5\,ml$ と $6\,M$ 硫酸 $10\,ml$ を駒込ピペットでそれぞれとって加える．そこに $0.005\,M$ 過マンガン酸カリウム標準溶液 $10\,ml$ を正確に加え，沸騰水浴中で 30 分間加熱する．このとき沸騰水浴の水面は，常に試料面よりも上部にあるようにする．その後，沸騰水浴中からだして，$0.0125\,M$ シュウ酸ナトリウム標準溶液 $10\,ml$ を正確に加え，よく振り混ぜる．これを $0.005\,M$ 過マンガン酸カリウム標準溶液で滴定し，ごく淡い赤紫色が残っているところを終点とする($a\,ml$)．ビュレットの目盛りは $0.01\,ml$ まで読みとる．次に，試料水を用いず純水 $50\,ml$ のみで同様な操作を行い，ブランク[*2] とする($b\,ml$)．

【結果の整理】

排水中の COD($mg\,O_2/l$)を次式によって求めよ．

$$\mathrm{COD}(mg\,O_2/l) = 200 \times (a - b)/V \tag{3.4}$$

3.3.4 課題

過マンガン酸カリウム法において，硫酸のかわりに硝酸や塩酸を用いることができない理由を述べよ．

3.4 キレート滴定

3.4.1 はじめに

キレート滴定(chelatometric titration)は，エチレンジアミン四酢酸(EDTA

[*1] 化学的酸素要求量 (COD) とは，試料に酸化剤を加え，一定条件の下で反応させ，そのとき消費した酸化剤の量を酸素の量に換算して表す試験である．おもに水中の有機物による汚れを表す目安として用いられる．

[*2] 試薬中の不純物や操作中の混入による外からの汚染を打ち消すため，試料水をいれずに純水についても同じ試薬，器具，条件で操作することをブランクという．

EDTA(H_4edta)

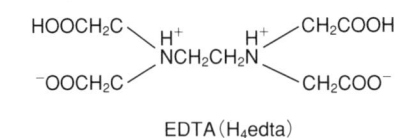

あるいは H_4edta と略記)を始めとするポリアミノポリカルボン酸が，水溶液中で多くの金属イオンときわめて安定なキレート(chelate)[*1]を生成することを利用した滴定法である．生成する安定なキレートの多くは，金属イオンと EDTA のようなキレート剤とのモル比が 1：1 で，キレート生成反応の平衡定数はかなり大きい．この平衡定数はキレートの生成定数(formation constant)あるいは安定度定数(stability constant)と呼ばれている．表 3.3 にいくつかの金属-EDTA キレートの生成定数を示す．

$$M^{n+} + Y^{4-} \rightleftharpoons MY^{(4-n)-} \quad (Y^{4-} = \text{edta}^{4-}) \tag{3.5}$$

$$K_{MY} = \frac{[MY]}{[M][Y]} \tag{3.6}$$

[*1] キレートの語源については，B 編 2 章のコラム(p.70)を参照されたい．

表 3.3 金属-EDTA キレート生成定数

金属イオン	$\log K_{MY}$
Mg^{2+}	8.69
Ca^{2+}	10.7
Cu^{2+}	18.8
Zn^{2+}	16.5
Fe^{3+}	25.1

20℃，イオン強度 = 0.1

したがって，当量点では金属イオンの濃度が急激に減少して，中和滴定のときの pH の急変とまったく同じ原理に基づく pM($= -\log[M]$)の急激な変化が起こるので，鋭敏な指示薬を用いることによって終点を求めることができる．キレート滴定に使われる金属指示薬(metal indicator)には非常に多くのものがあり，それぞれの用途に応じて使い分けられている．表 3.4 に代表的なものを示す．

3.4.2 実験 —— 水の全硬度測定
【目的】
キレート滴定法によって水の全硬度(Ca^{2+}, Mg^{2+})を測定し，軟水および硬水を区別する．

表 3.4 キレート滴定に用いられる代表的な金属指示薬

金属指示薬	略号	調製	保存
エリオクロムブラックT	EBT	固体(1:100)[a]	1年間以上使用可能
キシレノールオレンジ	XO	1％水溶液	6ヵ月使用可能
2,2′-ジヒドロキシ-4′-スルホ-1,1′-アゾナフタレン-3-カルボン酸	NN	固体(1:100)[a]	長期間では色素濃度低下，使用上問題なし
1-(2-ピリジルアゾ)-2-ナフトール	PAN	0.01〜0.1％アルコール溶液	非常に安定

[a] 金属指示薬：K_2SO_4 = 1:100

【器具】

メスシリンダー(100 ml)，ビュレット(25 ml)，三角フラスコ(200 ml，5個)，漏斗．

【試薬】

0.01 M EDTA 標準溶液，EBT 指示薬，緩衝溶液(pH 10)．

【操作】

試料溶液 100 ml をメスシリンダーでとり，200 ml の三角フラスコにいれる．これに緩衝溶液(pH 10) 2 ml と EBT 指示薬を耳かき1杯加えて，0.01 M EDTA 標準溶液で滴定し，赤色から青色に変わったところで，ビュレットの目盛りを 0.01 ml まで読みとる．

【結果の整理】

それぞれの水の全硬度を求めよ．滴定で得られる測定値は(Ca^{2+} + Mg^{2+})の合計値に相当するが，ここではすべて Ca^{2+} として計算せよ．硬度の表し方は国によって異なっているが，日本とドイツでは，水 100 ml 中に CaO 1 mg を含む水の硬度を1としている．軟水は硬度10以下，硬水は硬度20以上であり，硬度10〜20は中間の水である．

3.4.3 課題

(1) キレート滴定において，ほとんどの金属イオンは EDTA と 1:1 のキレートを生成する．その理由を述べよ．

(2) キレート滴定に用いる指示薬は金属指示薬と呼ばれ，終点で鋭敏な変色を示す．カルシウムイオンのキレート滴定での EBT を例として変色原理を述べよ．また，中和滴定で用いる指示薬との違いを述べよ．

4章 吸光度測定による定量

　身の回りの水(河川, 湖あるいは水道水)には, どんな元素がどれくらい入っているのだろうか. ここでは Fe(鉄), P(リン), Cl(塩素)を取り上げ, 吸光光度法によってそれらの濃度を分析する.

4.1 概要と原理

　吸光光度法とは, 化合物の濃度と色の濃淡との間に比例関係があるので, これを利用して物質の濃度を定量する方法である. この方法は重量分析法や容量分析法とともによく利用されているが, それらよりも操作が簡単で, 迅速に定量でき, かつ精度が高いことから, 機器分析の一つとして広く利用されている. 試料溶液に光を当てたとき, 入射光の強度 I_0 と透過光の強度 I との間にランベルト-ベールの法則が成立する.

$$A_s = \log I_0/I = \varepsilon c l$$

ここで A_s はある波長における吸光度(単位なし), c は溶液のモル濃度(M), ε はモル吸光係数($l\,\mathrm{mol}^{-1}\,\mathrm{cm}^{-1}$), l は光の透過距離(cm)である(図4.1). この法則に従って色の濃淡から化合物の濃度を定量するには, 濃度既知の標準

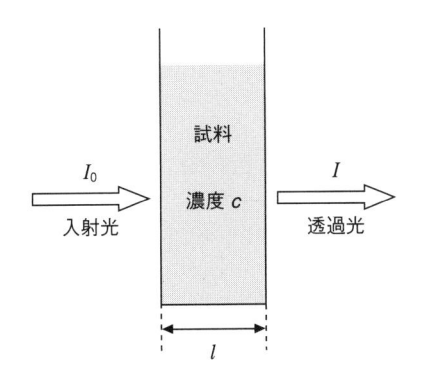

図 4.1　光の吸収

試料を用いて吸光度と濃度の関係を示す検量線を作成しておくことが必要である．あらかじめ目的物の可視吸収スペクトルを観測して最大吸収波長を知る．この波長の光を用いて吸光光度測定を行い，既知濃度に対して吸光度をプロットすると検量線が得られる．このとき吸光度が 0.2～0.8 の範囲からずれると，測定誤差は大きくなり定量精度が低下するため，その範囲内に入るように濃度を調節しなければならない．

4.2　分光光度計の使用法

図 4.2 にあげる代表的な回折格子型分光光度計の使用方法について説明する．

（1）①の電源スイッチをいれた後，光源を安定させるため 15 分間保持する．②の波長設定ダイヤルを静かに回して目的の波長に合わせ，設定された

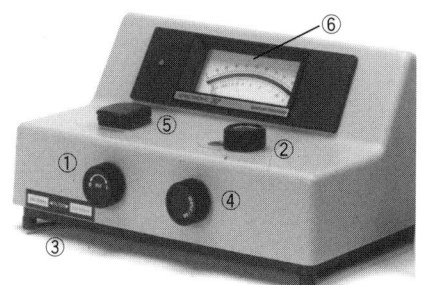

① 電源スイッチ/ゼロ点調整ダイヤル
② 波長設定ダイヤル
③ フィルターレバー
④ 透過率(%T)/吸光度(Abs.)コントロールダイヤル
⑤ 試料室
⑥ 読みとりメーター

図 4.2　回折格子型分光光度計

コラム

可視光と着色

光は電磁波の一種であり，波長が 400～750 nm のものは人間の肉眼で感受できるので，可視光と呼ばれる．この領域の波長をすべて含む光を白色光という．肉眼で認められる着色は，その物質によって白色光の中から選択的にある波長の光が吸収されたことによる．吸収されずに透過してきた光線が，眼に色として感じられるのである．すなわち右の表に示すように，吸収される光線と眼に感じられる光線とはたがいに補色の関係にある．たとえば，ある物質が青色の光を選択的に吸収したとすると，その物質は青色の補色である黄色に見える．

可視光の波長と色の関係

波長/nm	色	補色
400～435	紫	黄緑
435～480	青	黄
480～490	緑青	橙
490～500	青緑	赤
500～560	緑	赤紫
560～580	黄緑	紫
580～595	黄	青
595～650	橙	緑青
650～780	赤	青緑

波長に適合するように③によってフィルターを切り替える．

(2) 試料室⑤を空にして，カバーを閉じる．次に①のゼロ点調整ダイヤルを回して，針が0％Tを指すように調節する．

(3) 蒸留水を試験管形セルへいれ，ガーゼで外側の水滴やほこりなどを軽くふいてから，⑤内のセルホルダーへいれる．試験管の印とセルホルダーの印を合わせて，試験管形セルを押し込み，カバーをする．

(4) メーターが100％Tを指すように，コントロールダイヤル④を回して調節する．

(5) 以上の準備を終え，試料の入った試験形セルをセットし，⑥から吸光度を読みとる．以下，同じようにして試料の吸光度を順次測定する．

4.3 実験 —— 1,10-フェナントロリンによる鉄の定量

鉄の吸光光度法にはフェナントロリン法，チオシアン酸アンモニウム法，ジピリジル法などがある．本実験では，鉄(II)イオンと o-フェナントロリン(図4.3)との反応によって生成した非常に安定な赤色錯体[*1]を利用して，鉄の定量を行う．

*1 この錯陽イオンの化学式は$[Fe(phen)_3]^{2+}$ (phen = 1, 10-フェナントロリン, $C_{12}H_8N_2$)である．

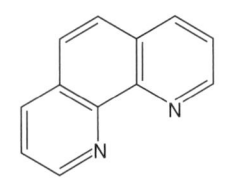

図4.3 o-フェナントロリンの構造

【器具】
メスフラスコ，ホールピペット，メスピペット，試験管形セル，分光光度計．

【試薬】
o-フェナントロリン塩酸塩，L-アスコルビン酸[*2]，ビス硫酸鉄(II)二アンモニウム六水和物(モール塩)[*3]，硫酸，酢酸．

*2 L-アスコルビン酸

*3 $Fe(NH_4)_2(SO_4)_2 \cdot 6H_2O$

【操作1】鉄の検量線の作成
ホールピペットで鉄の標準溶液[*4] 4 ml を 10 ml のメスフラスコにとり，蒸留水を加えて標線まで希釈する．この溶液の 0.1 ml は Fe の 4.00 μg に相当する．その溶液からメスピペットで正確に 0.2 ml, 0.4 ml, 0.6 ml, 0.8 ml をそれぞれ 25 ml のメスフラスコに採取し，それぞれに 0.1 % L-アスコルビン酸水溶液[*5] 1 ml と 0.5 % o-フェナントロリン水溶液 1 ml, さらに pH=3.8 の酢酸-酢酸ナトリウム緩衝液 1 ml を加え，蒸留水で標線まで希釈する．これを密栓して上下に転倒し，均一に混ぜてから室温で30分間放置する．この赤色錯体の吸収スペクトルは 510 nm で最大吸収波長を示す(図4.4)ので，

*4 鉄(II)の標準溶液は，分析用硫酸鉄(II)アンモニウム・六水和物 0.7022 g をとり，0.2 % 硫酸で 1l にする．

*5 鉄(III)が存在すれば，L-アスコルビン酸によって還元される．

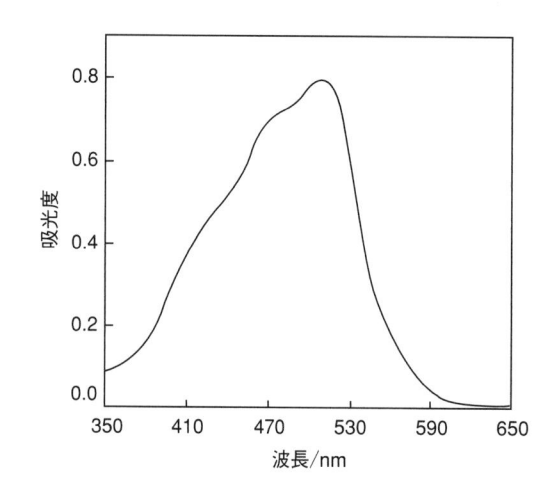

図 4.4　$[Fe(C_{12}H_8N_2)_3]^{2+}$ の吸収スペクトル

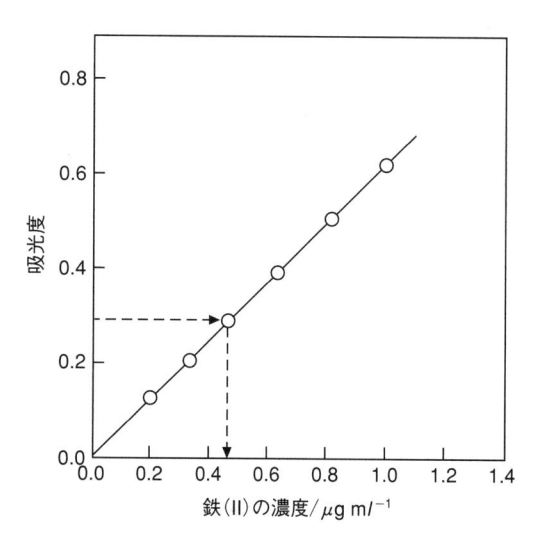

図 4.5　鉄(Ⅱ)の検量線の一例
測定波長：510 nm

分光光度計の波長を 510 nm に合わせて吸光度を測定し，図 4.5 のような検量線を作成する．この場合，鉄の濃度が高くなり過ぎると，検量線は直線から外れることがある．

【操作 2】鉄(Ⅱ)の定量

与えられた未知濃度の鉄(Ⅱ)イオン水溶液からメスピペットで一定量を 10 mℓ のメスフラスコに採取し，検量線を作成したときと同様の試薬を順次加えて発色させ，操作 1 と同じ条件のもとで吸光度を測定する．このとき，吸光度の読みが作成した検量線の範囲内に入るように試料溶液の採取量を調整しなければならない．

【結果の整理】

(1) 鉄の検量線を作成する．

(2) 鉄と o-フェナントロリンとの錯体の 510 nm におけるモル吸光係数を，吸光度から求める．

(3) 与えられた未知濃度の鉄の含有量を各自で作成した検量線から読みとり，希釈度を考慮して元の未知濃度溶液中の鉄の含有量(M)を計算する．

4.4　実験 —— モリブデンブルーによるリン(PO_4^{3-})の定量

リン酸イオンは，酸性溶液中でモリブデン酸と反応して，黄色のホスホ 12 モリブデン酸イオン(ヘテロポリ酸)[*1] を生成する．これをアスコルビン酸で還元すると濃い青色を示し，この光吸収強度からリン酸イオン濃度を吸光光度法により定量する．

[*1] この陰イオンの化学式は $[PO_4Mo_{12}O_{36}]^{3-}$ である．

【器具】

フラスコ,ホールピペット,メスピペット,試験管形セル,分光光度計.

【試薬】

七モリブデン酸アンモニウム四水和物[*1],L-アスコルビン酸,ビス[(R,R)-タルトラト(4-)]二アンチモン(Ⅲ)酸カリウム三水和物[*2],硫酸,リン酸イオン標準溶液.

*1 $(NH_4)_6[Mo_7O_{24}]\cdot 4H_2O$

*2 $K_2[Sb_2((R,R)-C_4H_2O_6)_2]\cdot 3H_2O$

【操作1】リン酸イオン検量線の作成

ホールピペットでリン酸イオン標準溶液[*3]を 1.0 ml 採取し,100 ml のフラスコにとり,蒸留水を標線まで加える.この溶液の 1.0 ml はリン酸イオン(PO_4^{3-})の 30.6 μg〔リン(P)では 10.0 μg〕に相当する.その溶液からメスピペットで正確に 0.2 ml, 1 ml, 2 ml, 3 ml をそれぞれ 10 ml のメスフラスコに採取し,次に 2M H_2SO_4 1 ml をそれぞれに加え,1% モリブデン酸アンモニウム溶液 0.4 ml,混合試薬(1% 酒石酸アンチモニルカリウム[*4] - 10% アスコルビン酸混合溶液)0.4 ml を加えて,蒸留水で標線まで希釈する.密栓して上下に転倒し,均一に混ぜてから室温で 15 分間放置する.呈色したモリブデンブルーの吸収スペクトルは 880 nm で最大吸収波長を示す(図 4.6)ので,溶液の一部を試験管セルに移し,この波長で吸光度を測定し,検量線を作成する.

*3 110℃で乾燥した KH_2PO_4 0.4390 g を水に溶かして 100 ml とする.

*4 アンチモンが共存すると,青色がより強くなる.

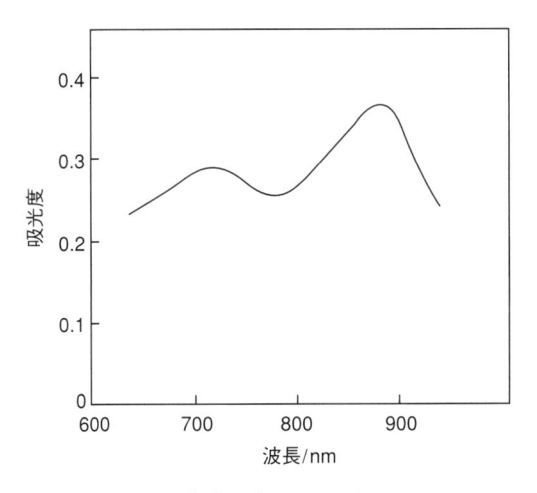

図 4.6 モリブデンブルーの吸収スペクトル

【操作2】リン酸イオンの定量

与えられた未知濃度の試料水からメスピペットで一定量を 10 ml のメスフラスコに採取し,検量線を作成したときと同様の試薬を順次加えて発色させ,操作1と同じ条件のもとで吸光度を測定する.このとき,吸光度の読みが作

成した検量線の範囲内に入るように試料溶液の採取量を調整しなければならない．正確に吸光度を測定できたら，検量線から試料中のリン酸イオンの濃度（μg ml^{-1}）を求める．

【結果の整理】
（1）リン酸イオンの検量線を作成する．
（2）リン酸イオンと生成したモリブデンブルーの 880 nm におけるモル吸光係数を，吸光度から求める．
（3）与えられた未知濃度のリン酸イオンの含有量を，各自で作成した検量線から読みとり，希釈度を考慮してリン酸イオンの含有量〔mg l^{-1}（＝ppm）〕を計算する．

4.5 実験 ── 水道水中の残留塩素の定量

水道水には消毒などの目的で塩素が加えられている．水中で塩素は，次亜塩素酸塩またはクロロアミンというかたちで存在している．これらを合わせて残留塩素と呼んでいる[*1]．本実験では，前者の残留塩素によってジエチル-p-フェニレンジアミン（DPD）が酸化されて生成する桃赤色に呈色したセミキノンを利用し（図 4.7），水道水中の残留塩素を定量する．

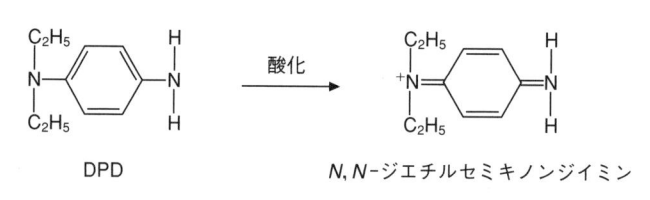

図 4.7 DPD の酸化

[*1] 次亜塩素酸塩を遊離残留塩素，水中のアンモニアなどと塩素が反応して生成するクロロアミン類を結合残留塩素という．本実験では前者を定量する．

[*2] 本来，塩素水を用いるところだが，調製が難しいため，そのかわりに KMnO$_4$ 溶液を用いる．これは塩素と同様に酸化剤として働き，まったく同じ呈色物を得ることができる．

[*3] KMnO$_4$ 0.891 g を水に溶かして 1000 ml とする．さらにその 10 ml を採取し，水を加えて 1000 ml としたもの．

[*4] 0.2 M KH$_2$PO$_4$ 溶液 50 ml，0.2 M NaOH 溶液 15.2 ml の割合で pH＝6.5 に調整した液 100 ml に，CyDTA（1,2-シクロヘキサンジアミン四酢酸）0.1 g を溶かす．

[*5] N, N-ジエチル-p-フェニレンジアミン硫酸塩 0.11 g を水に溶かし，全量を 100 ml としたものに CyDTA 0.01 g を加えて調整する．

【器具】
メスフラスコ，ホールピペット，メスピペット，ビーカー（50 ml），試験管形セル，分光光度計．

【試薬】
DPD 溶液，過マンガン酸カリウム溶液，リン酸塩緩衝溶液（pH＝6.5）．

【操作 1】検量線の作成
標準溶液には，塩素溶液のかわりに過マンガン酸カリウム溶液を用いて検量線を作成する[*2]．メスピペットで正確に過マンガン酸カリウム溶液[*3] 0.5 ml，2.5 ml，5 ml，10 ml をそれぞれ 25 ml のメスフラスコに採取し，蒸留水を標線まで加える．これらの溶液はそれぞれ 0.5，1.0，2.0，4.0 μg ml^{-1} の塩素溶液に相当する．リン酸塩緩衝溶液[*4] および DPD 溶液[*5] をメスピペットで 0.5 ml ずつ採取し，50 ml のビーカーに加えて混合する．次に，濃度の

低い過マンガン酸カリウム溶液をホールピペットで 10 ml 採取し，先のビーカー中で混合する．速やかにこの溶液の一部を試験管セルに移し，波長 510 nm で吸光度を測定する．ほかの過マンガン酸カリウム溶液についても同様に1種類ずつ混合し，吸光度測定を行い，検量線を作成する．

【操作 2】塩素の定量

検量線を作成したときと同様に試薬を順次加え，与えられた未知濃度の塩素水溶液からメスピペットで一定量を採取してビーカーで混合し，操作1と同じ条件のもとで吸光度を測定する．このとき，吸光度の読みが作成した検量線の範囲内に入るように試料溶液の採取量を調整しなければならない．正確に吸光度が測定できたら，検量線から試料中の塩素の濃度（μg ml^{-1}）を求める．

【結果の整理】

(1) 塩素の検量線を作成する．

(2) N,N-ジエチルセミキノンジイミンのモル吸光係数を，510 nm における吸光度から求める．

(3) 与えられた未知濃度の塩素含有量を各自で作成した検量線から読みとり，希釈度を考慮して塩素の含有量〔mg l^{-1}（= ppm）〕を計算する．

4.6 課 題

(1) 鉄(Ⅱ)と o-フェナントロリンの錯体の構造式を示せ．

(2) 鉄(Ⅲ)が L-アスコルビン酸によって還元されるときの反応式を示せ．

(3) リン酸イオンの定量に用いたアスコルビン酸以外の還元剤を調べよ．

(4) 塩素の定量に酸化剤として用いた MnO_4^- は，pH＝6.5 の条件でどんな反応を示すか．

(5) 本実験で用いた方法以外の鉄，リン，塩素の定量方法を調べよ．

(6) モル吸光係数が大きいということは，分析化学においてどのような意味があるか．

(7) 光の波長領域によって，どのような名称のスペクトルに区分されているか．

―― **参 考 文 献** ――

日本薬学会編，『衛生試験法・注解』，金原出版(2000).

並木 博編，『工場排水試験方法』，日本規格協会(1999).

日本分析化学会北海道支部編，『水の分析』，化学同人(1994).

B編 化合物の合成と機能

1章　有機化学反応
2章　錯体の合成と性質
3章　医薬品の合成
4章　アゾ染料の合成
5章　レーヨンの合成
6章　ヒドロゲルの合成
7章　ホトクロミズム

1章 有機化学反応

1.1 はじめに

　現在知られている有機化合物の反応はきわめて膨大な数にのぼるため，個々の有機化学反応をすべてについて調べることは不可能である．しかし，このように膨大で一見雑多に見える有機化学反応も，置換反応，付加反応，脱離反応，転位反応という重要な四つの形式に分類することができる．したがって，これらの反応が起こるしくみ，すなわち反応機構の知識があれば，少数の典型的な反応を知っているだけで多くの反応の生成物を予測することも可能である．

　そこで本実験では，以上四つの反応形式の中で，置換反応，付加反応，脱離反応について，アルコールとフェノールの反応を例にとって調べる．さらに，芳香環上の置換反応として，アニリンの誘導体であるパラトルイジンからジアゾニウム塩を生成させた後，ザンドマイヤー反応によってパラヨードトルエンを合成する反応を取り上げる．

1.2　アルコールとフェノールの構造と酸・塩基としての性質

　アルコールとは，炭化水素の水素原子をヒドロキシル基で置換した化合物である．またフェノールは，ベンゼン環に直接ヒドロキシル基が結合した化合物である．ヒドロキシル基の周りの立体配置は，酸素原子を真ん中に，水素原子とアルキル基またはベンゼン環が両端に存在する"く"の字に折れ曲がった形であるが，2組の非共有電子対も含めて考えると，酸素原子が中心に存在する四面体構造である[*1]．

　ヒドロキシル基の酸素原子には非共有電子対が存在するので，アルコールは塩基として作用する．たとえばH^+供与体が存在すると，ヒドロキシル基はプロトン化されて$-OH_2^+$となる．また，アルコールは水に溶かしても酸として作用せず，中性である．これは，ヒドロキシル基がきわめて弱い酸で

[*1] アルコールとフェノールの構造.

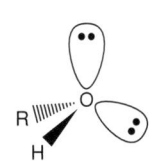

R = アルキル基または
　　ベンゼン環
: = 非共有電子対

> **コラム**
>
> ## 有機化学反応の4形式
>
> **(1) 置換反応** 分子中の原子または原子団が，ほかの原子または原子団で置き換わる反応のことである．求核置換反応，求電子置換反応，ラジカル置換反応などがある．
>
> $$R-X \xrightarrow{Y} R-Y + X$$
>
> **(2) 付加反応** $>C=C<$，$-C\equiv C-$，$>C=O$，$>C=N-$，$-C\equiv N$ などの不飽和結合に，原子または原子団が加えられる反応のことである．求核付加反応，求電子付加反応，ラジカル付加反応などがある．
>
> **(3) 脱離反応** 1分子から原子または原子団が，置換されることなく離れていく反応のことである．したがって，本質的には付加反応の逆であり，新たに多重結合が生成する．
>
> **(4) 転位反応** 分子内の原子または原子団が配列を変える反応のことである．

*1 NaH

*2 RO:⁻（R＝アルキル基）

*3 PhO:⁻（Ph＝フェニル基）

*4 有機化学反応において，基質の電子密度の小さい部分を攻撃して反応し，共有結合の生成において電子対を供給する強い塩基で，非共有電子対をもつ試薬．

*5 共有電子対をもちながら，基質から追いだされる原子，イオンまたは原子団のことで，弱い塩基である．

*6 反応機構において，2電子の移動を曲がった矢印 "⌢" で表す．矢印の起点は移動する共有電子対や非共有電子対の位置であり，矢印の終点は電子を受けとる原子や新しくできる結合の位置である．

あり，また水分子も弱い塩基であるので，水分子がヒドロキシル基から H^+ を引き抜くことができないためである．しかし，たいへん強い塩基である金属ナトリウム，金属カリウム，水素化ナトリウム*1 などとアルコールを反応させると，アルコールは水素ガスを発生してアルコキシドイオン*2 になる．

フェノールを水に溶かすと酸として作用し，H^+ を放出してフェノキシドイオン*3 になる．したがって，フェノールの酸性度は水よりも強いが，カルボン酸よりも弱い．また，フェノールが酸として作用するのは，イオン解離によって生じるフェノキシドイオンが共鳴安定化するためである．

アルコキシドイオンやフェノキシドイオンは比較的強い塩基であるので，求核置換反応などにおける求核試薬として作用することができる．

1.3 アルコールの求核置換反応

求核試薬*4 が，反応を受ける分子(基質)の部分的に正電荷を帯びた箇所を攻撃するとき，求核試薬と基質との間で新しい結合が生成すると同時に，脱離基*5 が基質から離れていき，1段階で反応が起こる求核置換反応を S_N2 反応(二分子求核置換反応)という*6．

S_N2 反応

S_N1 反応

遷移状態

空の 2p 軌道

また，まず基質から脱離基が脱離して炭素陽イオン[*1]が生成し，その炭素陽イオンに求核試薬が結合して 2 段階で反応が起こる反応を S_N1 反応（一分子求核置換反応）という．

アルコールのヒドロキシル基は脱離性に乏しいので，たとえばアルコールと NaCl との間で反応は起こらない．しかし，アルコールとハロゲン化水素酸（HCl, HBr, HI）との反応では，まず －OH がプロトン化されて脱離性に優

[*1] CR_3X（R＝H，アルキル基）から $^-$:X が脱離して生じる陽イオン C^+R_3 のこと．その安定性は，第一級陽イオン＜第二級陽イオン＜第三級陽イオンの順である．

コラム

フェノキシドイオンの共鳴安定化

アルコールにおいて，ヒドロキシル基の酸素原子に結合しているアルキル基の誘起効果は，電子供与性である．そこで，もしアルコールを水に溶かしてアルコキシドイオンが生成したとしても，負電荷は酸素原子に局在化し，きわめて不安定である．このため，アルコールを水に溶かしても，アルコキシドイオンには電離しない．

一方，フェノキシドイオンでは，右の式に示すように酸素原子とベンゼン環に負電荷が非局在化して安定化する（共鳴効果）．そこで，フェノールを水に溶かすと，フェノキシドイオンに電離し，その溶液は酸性を示す．

*1 第一級炭素原子とは，炭素鎖を構成する炭素原子の中で，2個の水素原子が結合したものと，末端メチル基に含まれる炭素原子のことである．また，ヒドロキシル基が第一級炭素原子と結合しているアルコールを第一級アルコールという．

*2 第二級炭素原子とは炭素鎖または炭素環を構成する炭素原子の中で，1個の水素原子と2個の炭素原子が結合したものである．

*3 第三級炭素原子とは，炭素鎖または炭素環を構成する炭素原子の中で，3個の炭素原子が結合し，水素原子が結合していないものである．

れた$-OH_2^+$となるので，求核置換反応が起こる．基質が第一級アルコール*1のときにはS_N2反応が，また第二級*2，第三級アルコール*3のときにはS_N1反応が起こるといわれている．

なお炭素陽イオンは，構造上可能であれば，より安定な炭素陽イオンに変わる場合がある．これは転位反応の一つである．

1.4 アルコールの脱離反応

脱離反応は，ハロゲン化アルキルやアルコールなどの基質に対して，置換反応と競争的に起こる．これらの基質に対して，ハロゲンなどの置換基が結合している炭素原子（α-炭素）を塩基（求核試薬）が攻撃するとき，置換反応が起こり，塩基がα-炭素の隣接炭素に結合した水素原子（β-水素）を攻撃するとき，脱離反応が起こってアルケンが生成する．したがって，このような脱離反応をβ-脱離または1,2-脱離ともいう．このような脱離反応にはE1反応やE2反応などがある．

アルコールを濃硫酸またはリン酸中で加熱すると，ヒドロキシル基がプロトン化した後，脱離反応が起こる．第一級アルコールではE2反応が起こるが，これはS_N2反応と同様に1段階の反応である．第二級および第三級アルコールではE1反応が起こり，まず脱水によって炭素陽イオンが生成した後，アルケンが生成する．

1.5 実験 ── アルコール

【器具】
　試験管(10本), スポイト(数本), 温浴.

【試薬】
　ルカス試薬, 濃硫酸*1, 2 M 水酸化ナトリウム水溶液, 臭素水, 過マンガン酸カリウム水溶液, ヨウ素-ヨウ化カリウム水溶液, メタノール, エタノール, 1-プロパノール*2, 2-ブタノール*3, 2-メチル-2-プロパノール*4.

【試薬の調製】
　(1) ルカス試薬：無水塩化亜鉛 110 g を, 氷浴中で濃塩酸 74 ml に徐々に加えて溶かす(発熱に注意する). ついで室温で 7 日間放置し, デカンテーション*5 によって上澄み液をとり, 密栓して保存する.
　(2) 過マンガン酸カリウム水溶液：過マンガン酸カリウム 5 g を水 1 l に溶かす.
　(3) ヨウ素-ヨウ化カリウム水溶液：ヨウ化カリウム 125 g とヨウ素 50 g を水 500 ml に溶かす.

【操作1】ハロゲン化反応
　(1) ルカス試薬 1 ml を 3 本の試験管にいれ, その中にそれぞれ 1-プロパノール, 2-ブタノール, 2-メチル-2-プロパノール 3 滴を加える.
　(2) これらの試験管に栓をし, 激しく振り混ぜた後, 静置する.
　(3) 10 分間静置しても反応溶液に変化が認められない場合には, その試験管を温浴で温める.

【操作2】脱離と付加反応
　(1) 試験管に 2-メチル-2-プロパノール 3 ml をいれ, 氷浴中で冷却する.
　(2) 試験管を冷やしながら, この中に濃硫酸 1 ml を少量ずつ加える. このとき, 濃硫酸を加えるごとに試験管を注意して振り, 混合物を均一にする.
　(3) 濃硫酸を加え終わった後, 氷浴中で 5 分間, さらに室温で 5 分間放置する.
　(4) 反応溶液が 2 層に分離したら, 上層をスポイトでとり, 二つの試験管にいれる.
　(5) 上の溶液が入った一方の試験管に臭素水を加える.
　(6) 上の溶液が入った他方の試験管を氷冷しながら, この中に過マンガン酸カリウム水溶液を加える.

【操作3】ヨードホルム反応*6
　(1) 2 本の試験管にそれぞれエタノール 1 ml とメタノール 1 ml ずついれ, これらの中に 2 M 水酸化ナトリウム水溶液 10 滴を加える.
　(2) 上の試験管の中に, ヨウ素-ヨウ化カリウム水溶液を溶液全体が淡黄

---

*1 濃硫酸は強酸であり, 腐食性があるので, 採取するときには保護眼鏡と手袋を着用して, 取扱いには十分に注意すること. なお, 濃硫酸に水を加えてはいけない.

*2　H₃C—CH₂—CH₂—OH
　　　1-プロパノール

*3　H₃C—CH₂—CH—CH₃
　　　　　　　|
　　　　　　OH
　　　2-ブタノール

*4　　　　CH₃
　　　　　|
　　H₃C—C—CH₃
　　　　　|
　　　　OH
　　2-メチル-2-プロパノール

*5 溶液中の沈殿と溶液を分離するため, 容器を静置して沈殿を十分に沈降させた後, 容器を静かに傾けて上澄み液だけを流しだす操作をデカンテーションまたは傾瀉法(けいしゃほう)という.

*6 アルコールがヨードホルム反応を受けるとき, まずそのアルコールは対応するカルボニル化合物に酸化され, そのカルボニル化合物がヨードホルム反応を受けて酸化される.

色になるまで加える．

(3) 37 % ホルムアルデヒド水溶液，アセトンについて，(1)，(2)と同じ操作を行い，溶液の変化を調べる．

【結果の整理】

(1) 操作1において，反応溶液の変化を調べよ．

(2) 操作1において，それぞれのアルコールを加えてから，反応溶液が変化するまでの時間を調べよ．

(3) 操作2(5)において，反応溶液の変化を調べよ．

(4) 操作2(6)において，反応溶液の変化を調べよ．

(5) 操作3(2)において，エタノールとメタノールの反応溶液の変化の違いを調べよ．

(6) 操作3(3)において，37 % ホルムアルデヒド水溶液，アセトンの反応溶液の変化の違いを調べよ．

【課題】

(1) 操作1の反応で，生成すると予想される化合物の構造式を書け．

(2) 操作1の反応の形式を答えよ．

(3) 操作1のそれぞれのアルコールに対する結果から，第一級，第二級，第三級アルコールに対する反応性の順序を予想せよ．

(4) 操作2の(2)，(5)および(6)の反応で，生成すると予想される化合物の構造式を書け．

(5) 操作2の(2)，(5)および(6)の反応の形式を答えよ．

(6) 操作3の反応において，メタノールとエタノールが酸化されるなら，生成すると予想されるカルボニル化合物の構造式を書け．

(7) 操作3の反応において，メタノール，エタノール，ホルムアルデヒド，アセトアルデヒドのどれがヨードホルム反応を受けるかを答えよ．また，最終的に生成する化合物の構造式を書け．

(8) 操作3の結果から，ヨードホルム反応を受けるアルコールやカルボニル化合物は，どのような部分構造をもたなければならないかを答えよ．

1.6 実験――フェノール

【器具】

試験管(4本)．

【試薬】

1 % フェノール水溶液，1 % メタノール水溶液，1 % 安息香酸水溶液，1 % 塩化鉄(Ⅲ)水溶液，3 % 臭素水．

【操作】

(1) 1％フェノール水溶液，1％メタノール水溶液1 mlをそれぞれ試験管にとり，その中に1％塩化鉄(Ⅲ)水溶液を1滴加える．

(2) 1％フェノール水溶液，1％安息香酸水溶液1 mlをそれぞれ試験管にとり，その中に3％臭素水を1滴加える．

【結果の整理】

(1) 操作(1)の反応溶液の変化を調べよ．

(2) 操作(2)の反応溶液の変化を調べよ．

【課題】

(1) 操作(1)の反応では，フェノキシドイオンと鉄(Ⅲ)イオンとが反応して金属錯イオン[*1]が生成する．この金属錯イオンの構造式を書け．

(2) 操作(1)の反応で，酸として作用するものと塩基として作用するもの

*1 中心となる金属原子やイオンに，配位子として原子，イオン，原子団などが結合してできる分子または多原子イオンを金属錯体といい，多原子イオンのものをとくに金属錯イオンという．

コラム

求電子置換反応

ベンゼンなどの芳香環は環の骨格の上下にπ電子雲が存在し，電子密度が大きい．そこで，正電荷を帯びた求電子試薬(アルキルカチオン，Br^+，NO_2^+など)の攻撃を受けやすく，芳香環に結合した水素原子と置き換わる(中性分子であるSO_3も求電子試薬として作用する)．求電子試薬と芳香族化合物とのこのような反応を求電子置換反応という．なお，求電子試薬を発生させるために，一般には触媒が必要である．

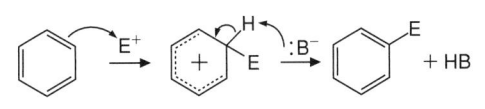

E^+　求電子試薬　　$:B^-$　塩基

ヒドロキシル基，アミノ基，アルキル基などの電子供与性の置換基が結合した一置換ベンゼンは，ベンゼンよりも求電子置換反応に対する反応性が高い．これらの一置換ベンゼンに第二の置換基が導入されるとき，第二の置換基の性質に関係なく，オルト位とパラ位に第二の置換基が結合した位置異性体の混合物が得られる(オルト-パラ配向性)．また，十分な量の求電子試薬が存在するとき，パラ位と2ヵ所のオルト位に置換基が結合した四置換ベンゼンが得られる．

オルト置換体　　パラ置換体

ハロゲン，カルボキシル基，ニトロ基などの電子求引性の置換基が結合した一置換ベンゼンは，ベンゼンよりも求電子置換反応に対する反応性が低い．ハロベンゼンに第二の置換基が導入されるときには，オルト位とパラ位に置換基が結合した位置異性体の混合物が得られるが，そのほかの電子求引性基が結合している場合，メタ置換体のみが得られる(メタ配向性)．

メタ置換体

を示せ．

(3) フェノールと臭素を反応させると，求電子置換反応が起こってベンゼン環の水素原子と臭素原子が置換される．操作(2)の反応生成物の構造式を書け．

(4) フェノールは求電子置換反応に対する反応性が高いので，ベンゼン環は容易にハロゲン化されるが，一般には触媒が必要である．一般にベンゼン環のハロゲン化に用いられている触媒を示せ．

1.7 実験 —— ザンドマイヤー反応

【器具】
　ナス型フラスコ(100 ml，1個)，ビーカー(100 ml，2個)，漏斗，氷浴，回転子，スターラー，ガラス棒(1本)，パスツールピペット(数本)，分液漏斗(200 ml)，スパチュラ．

【試薬】
　パラトルイジン，亜硝酸ナトリウム，ヨウ化カリウム，酢酸エチル，濃硫酸，チオ硫酸ナトリウム，硫酸ナトリウム．

【操作】
(1) 亜硝酸ナトリウム 1.3 g を冷水 10 ml に完全に溶かす*1(A液)．

(2) ナス型フラスコにパラトルイジン*2 2 g をとり，これに水 18 ml を加えた後，この中に濃硫酸 2.1 ml を注意しながら徐々に加えて溶解させ，氷水浴中で十分に冷却する(B液)*3．

(3) B液を十分に冷やした後(5℃以下)，この中にA液をピペットで少しずつ加えると，ジアゾニウム塩を含む溶液が得られる*4．B液をすべて加えた後，氷浴中で20分間かき混ぜる．

(4) 氷浴を取り除いた後，直ちにこの反応溶液にヨウ化カリウム 4.2 g を加え，30分間放置する．

(5) 生成した泥状の沈殿物を酢酸エチル 50 ml で2回抽出した後，この酢酸エチル層をチオ硫酸ナトリウム水溶液で洗浄する．ついで，無水硫酸ナトリウムで酢酸エチル層を乾燥させる．

(6) この溶液から減圧下で酢酸エチルを留去すると，パラヨードトルエンの粗結晶が得られる．さらに，この粗結晶を 100℃，20 mmHg で減圧蒸留すると，薄黄色のパラヨードトルエンが得られる．

【結果の整理】
(1) 得られたパラヨードトルエンの収量と収率を求めよ．
(2) パラトルイジンからパラヨードトルエンへの変換を化学反応式で表せ．

*1 亜硝酸ナトリウムは十分に溶解させること．

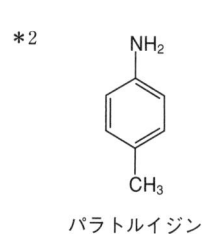

*2 パラトルイジン(構造式：NH$_2$基とCH$_3$基がパラ位に置換したベンゼン環)

*3 パラトルイジンに，いきなり濃硫酸を加えてはいけない．

*4 フラスコ内の温度が10℃を超えないように注意する．

【課題】

(1) パラトルイジンは水には溶けにくいが，硫酸-水系には容易に溶ける．この理由を説明せよ．

(2) 操作(3)で，ジアゾニウム塩を合成するとき，氷浴で冷やす理由を説明せよ．

(3) 操作(4)で，ヨウ化カリウムを加えたとき，発生する気体は何か．

(4) 操作(5)で，チオ硫酸ナトリウム水溶液で洗浄したとき，酢酸エチル層の色の変化はどのような反応によるか．

コラム

ザンドマイヤー反応

ザンドマイヤー反応とは，芳香族ジアゾニウム塩を芳香族ハロゲン化合物などに変換する反応のことである．1884 年に T. ザンドマイヤー（T. Sandmeyer）によって初めて報告されたため，その名前がつけられている人名反応の一つである．この反応は適用できる基質が多く，収率も比較的良好なことから，現在でも広く芳香族ハロゲン化合物を得る方法として用いられている．一般に，芳香族環上の置換反応としては求電子置換反応が多く知られているが，このザンドマイヤー反応は求核置換反応である．とくに，この反応の特長は，前駆体であるアニリン誘導体のアミノ基のみをハロゲンに置換できる点であり，位置特異的反応であるといえる．この点は，光照射下で芳香環にハロゲンを直接導入する反応に比べて，有機合成上大きな利点である．とくに，ヨードベンゼン誘導体（ヨードアリール）は，有機合成反応の出発原料・反応試薬として重要な物質群である．一般に，ジアゾニウム塩から塩化アリールや臭化アリールを合成するときには，銅触媒が必要である．しかし，ヨードアリールの合成では，ジアゾニウム塩とヨウ化カリウムが用いられるように，無触媒で速やかに反応が進行する．

なお，芳香族ジアゾニウム塩はアゾ染料の合成原料としても重要であり，芳香族アミンやフェノール類と反応してさまざまなアゾ化合物を与える（アゾカップリング）．アゾ染料の詳細については，B 編 4 章の「アゾ染料の合成」を参照すること．

2章 錯体の合成と性質

2.1 はじめに

　遷移金属イオンは，簡単な分子や陰イオンと配位結合して安定な化合物をつくる．これを錯体(complex)という．遷移金属イオンと配位結合する物質を配位子(ligand)といい，遷移金属イオンと直接配位結合する原子を配位原子という．配位原子は非共有電子対をもつ窒素，酸素やハロゲンなどに限られる．たとえば，本実験で合成する錯体の配位子シュウ酸(HOOC-COOH)では，二つのOがFeと配位結合する配位原子である．このように，二つ以上の配位原子をもつ配位子を多座配位子と呼ぶ．エチレンジアミン四酢酸(EDTA)は六座配位子で，キレート配位子としても有名である(図2.1)．遷移金属イオンを中心金属イオンと呼ぶこともある．

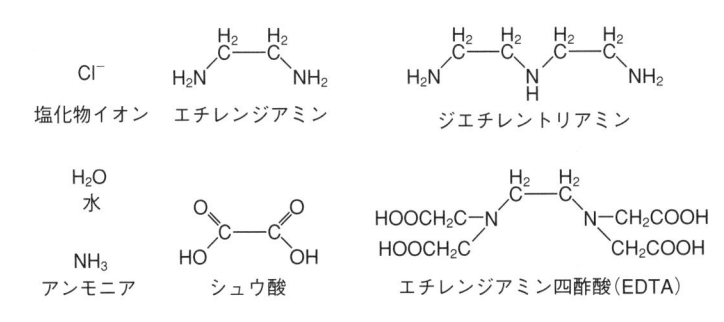

図2.1　配 位 子

　遷移金属イオンに配位する配位原子の数を配位数という．配位数が2, 4, 6をとる錯体が一般的であるが，なかでも配位数が6である錯体の数は非常に多く知られている．錯体の構造は，配位数が2の場合は直線型を，4の場合は四面体型または平面正方型を，6の場合は八面体型構造を示す．錯体の表記は，中心金属イオンに直接配位した配位子までを[　]でくくって表す．錯

$[H_3N\text{—}Ag\text{—}NH_3]^+$
直線型構造

$[H_3N, H_3N, Cu, NH_3, NH_3]^{2+}$
平面正方型構造

$[Cl, Co, Cl, Cl, Cl]^{2-}$
四面体型構造

$[H_2O, H_2O, Co, OH_2, OH_2, OH_2]^{2+}$

$[N, N, Ca, O, O, O]^{2-}$
正八面体型構造

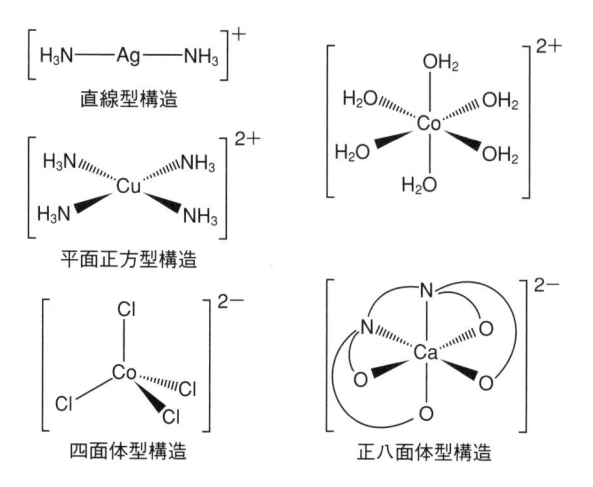

図2.2 錯体の立体構造

体が陽イオンと陰イオンからなるとき，とくに錯塩という（図2.2）．

錯体の中心金属イオンはd電子をもつため，さまざまな荷電状態や立体構造をとり，ほかの無機化合物や有機化合物と比べて特異な性質を示す．たとえば，エチレンやプロピレンを重合してポリエチレンやポリプロピレンなどの高分子化合物を合成するときの触媒や，植物の光合成や動物の呼吸に関与するクロロフィルやヘム（p.72 のコラム参照）などの酵素の活性中心として，錯体は重要な役割を果たしている．

本実験では，鉄のシュウ酸錯塩，トリス（オキサラト）鉄（Ⅲ）酸カリウム三水和物を合成し，光に対する性質を調べる．さらに，滴定によってこの錯塩の配位数を求める．

コラム

キレート

一般に，一つの配位子の中に二つ以上の配位原子が適当な間隔をへだてて存在する場合にできるタイプの錯体をキレート化合物と呼ぶ．キレートとはギリシャ語のカニのはさみを意味する言葉で，配位子の配位原子が中心金属イオンをはさみこんだ形が，カニが獲物をはさみこんだ姿を連想させるからであろう．

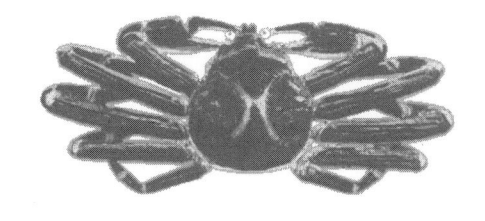

2.2 実 験

【器具】

実験1：ビーカー(50 ml，4個)，アスピレーター，ヌッチェ，吸引びん，温度計，ルーペ．

実験2：試験管(2本)，白い紙，スライダック，ライト*1．

実験3：マイヤーフラスコ(100 ml，3個)，ビュレット(25 ml)，漏斗，沪紙．

*1 LPL社製ブロムビデオランプ(100 V，300 W)．

【試薬】

実験1：塩化鉄(Ⅲ)六水和物，シュウ酸カリウム一水和物．

実験2：ヘキサシアノ鉄(Ⅲ)酸カリウム．

実験3：0.01 M 過マンガン酸カリウム水溶液，希硫酸，亜鉛粉末．

実験1 ── トリス(オキザラト)鉄(Ⅲ)酸カリウム三水和物の合成

(1) 塩化鉄(Ⅲ)六水和物 2.70 g を約60 ℃の水 10 ml に完全に溶かす．

(2) シュウ酸カリウム一水和物 5.53 g を約60 ℃の水 10 ml に完全に溶かす．

(3) 上記二つの溶液を混合し，同体積になるように二つのビーカーに分ける．これをビーカー(a)およびビーカー(b)とする．

(4) ビーカー(a)はそのまま静置し，放冷する．一方，ビーカー(b)はガラス棒で溶液を撹拌する．両者における結晶の生成の仕方や結晶の形を観察する．

(5) 析出した結晶を吸引沪過*2 し，約 5 ml のエタノールで洗浄して乾燥させた後，質量を測定する．

*2 沈殿の分離には，通常，沪紙による自然沪過を行うが，沈殿の量を測定する場合には吸引沪過法を用いる．循環水型アスピレーターと吸引びんは肉厚のゴム管でつなぐ．ヌッチェの小孔が完全に覆われるように沪紙を置き，純水で沪紙をぬらしてヌッチェに密着させる．循環水型アスピレーターのスイッチをいれると，吸引びんの中は減圧になるため，沪紙はヌッチェに強く吸いつけられる．沪過する溶液を徐々に流すと，沈殿はヌッチェの中に残る．ヌッチェから溶液がでなくなったところでアスピレーターをいったん止め，エタノール5 ml をヌッチェに残った沈殿に満遍なく注ぐ．再びアスピレーターのスイッチをいれて吸引を続け，溶媒をできるだけ除く．

実験2 ── 光に対する性質

(1) 実験1で合成した錯塩 0.5 g を 10 ml の純水に溶かし，2本の試験管に分ける．一方の試験管に光を照射したときの様子を観察し，光を照射しなかったほうと比較する*3．

(2) 実験1で合成した錯塩 0.5 g ずつを沪紙の上にとる．一方の試料に光を照射し，照射後の様子を，光を照射しなかったほうと比較する．

*3 ライトの光はスライダックで調節する．本実験では，スライダックの目盛りを80 V に合わせる．また，ランプと試験管の距離は 30 cm とすること．なお，本ライトは強力なので，スライダックを80 V以上にしたり，ランプを直視したりしないこと．

実験3 ── 配位数の測定*4

(1) 合成した錯塩 0.100 g をマイヤーフラスコにいれ，約 10 ml の純水に溶かしてから希硫酸を加える．

(2) まず，$C_2O_4^{2-}$ の滴定を行う．(1)の溶液を 0.01 M 過マンガン酸カリウム水溶液で滴定する．滴定においては，マイヤーフラスコを少し温めてから 0.01 M 過マンガン酸カリウム水溶液を滴下し，振っても MnO_4^- の色が消え

*4 過マンガン酸カリウムによる酸化還元滴定についてはA編3章3節を参照のこと．

(3) (2)の溶液を加熱してMnO_4^-をMnO_2に変えてから，沪過してこれを取り除く．

(4) (3)の溶液を再び加熱しながら，亜鉛粉末を少量加えて直ちに撹拌する．ここでは，Fe^{3+}がFe^{2+}に還元されるので，溶液の色は黄色から無色に変化する．

(5) (4)の溶液を素早く沪過した後，沪液を再び(2)と同じ0.01 M過マンガン酸カリウム水溶液で滴定する（Fe^{2+}滴定）．終点は(2)と同様に判断する．

2.3 結果の整理
実験1
(1) 理論収量はいくらと計算されるか．

コラム

ヘモグロビン

ヘモグロビンは，ヘムがタンパク質のくぼみに埋め込まれた色素タンパク質の一種で，ほとんどの脊椎動物が酸素運搬に利用している．

ヘムは，下に示すようにポルフィリンのFe(II)錯体で，ポルフィリン面の中心にあるFe(II)に4個の窒素原子が配位し，さらに上方と下方から第5，第6の配位子が配位して，安定な八面体型構造をつくる．ヘモグロビンでは，下方からタンパク質のヒスチジン（His F8）の窒素原子が配位しており，酸素は上方から配位する．一般にFe(II)錯体は酸化されやすくFe(III)錯体になりやすいが，ヘモグロビンではFe(II)のままであり，酸素を可逆的に結合する．酸素が結合したものをオキシヘモグロビンといい，これは鮮紅色である．一方，酸素が脱離したデオキシヘモグロビンは紫紅色である．

M. F. ペルツらは，ヘモグロビンが酸素を吸脱着する際の構造をX線解析により明らかにした．それによると，Fe(II)は酸素を結合していないときにはヘム面から0.075 nmほどHis F8側にずれているが，結合したときにはFe(II)はヘムの面内にくる．それに伴い，タンパク質のコンホメーションがオキシ型へ変化して，酸素がより結合しやすくなる．これをアロステリック転移という．ヘモグロビンが，CO_2分圧の高い末梢部の組織でO_2を放出しやすく，CO_2分圧の低い肺でO_2を結合しやすい性質を示すのはこのためである．

ヘム

(2) 得られた錯塩の実験収量を測定し，収率を求めよ．
(3) ビーカー(a)および(b)における結晶の析出の様子，析出が始まるまでの経過時間，結晶生成後の溶液の色を観察し，結晶形をスケッチせよ．

実験2
(1) 錯塩の溶液に光を照射したときの変化を観察せよ．また，このときの変化を化学反応式で示せ．
(2) 錯塩に光を照射したときの変化を観察せよ．

実験3
(1) (2)の滴定の際の変化を化学反応式で示せ．
(2) (2)の滴定に要した0.01 M 過マンガン酸カリウム水溶液は何mlか．
(3) (4)における化学反応式を示せ．
(4) (5)の滴定の際の変化を化学反応式で示せ．
(5) (5)の滴定に要した0.01 M 過マンガン酸カリウム水溶液は何mlか．
(6) 実験結果より配位数を求めよ．

2.4 課題

実験1
(1) 収率をさらに向上させるにはどうすればよいか．
(2) トリス(オキサラト)鉄(Ⅲ)酸カリウム三水和物を合成するほかの方法を調べよ．
(3) 冷却する際，放置した場合と撹拌した場合で結晶の大きさは異なる．その理由を説明せよ．

実験2
(1) 光を照射する前後の鉄の価数はそれぞれいくらか．また，この変化は何により引き起こされたか．
(2) この現象は何に利用されるか．

実験3
(1) この方法で配位数が決定される原理を説明せよ．
(2) 正八面体型構造においては，六つの頂点にある各配位原子が中心金属イオンに対して同じ距離，同じ角度を示す．このような状態を等価な状態にあるという．正八面体型構造以外の構造で，六つの配位原子が等価な状態にある構造を示せ．

3章 医薬品の合成

3.1 はじめに

　医薬品とは，人または動物が病気にかかっているかどうかを診断したり，病気を治療したり，病気を予防したりする目的のために使用されるものである．医薬品には，植物など多くの天然物を生薬として人類が古くから用いてきたものや，化学的に合成されているものがある．さらに，生薬の有効成分を化学合成したり，またその有効成分を改良したりして，より効果のある医薬品として使用されている．たとえば，柳の樹皮の抽出エキスは鎮痛・解熱に対して優れた効果があることが，古代インド，中国，ギリシャにおいてよく知られていた．19世紀の初めに，柳の樹皮にはサリシン*1 と呼ばれる有効成分が含まれており，これが生体内でサリチル酸に変換されて鎮痛・解熱・抗炎症作用を示すことが証明された．しかし，サリチル酸にはたいへんな苦味や胃腸障害などの副作用があるため，1897年にフェリックス・ホフマンが，副作用の少ない鎮痛・解熱・抗炎症薬として現在用いられているアセチルサリチル酸を開発した．現在，アセチルサリチル酸は年間約5万トンが使用されている．

　また，カフェイン*2 は生茶葉(0.7～2 %)，コーヒー豆(0.8～1.75 %)，グァラナ，マテ茶(0.15～1.85 %)などに含まれている．1820年，ルンゲによりコーヒー豆から初めてカフェインが単離され，その構造は1897年に決定された．純粋なカフェインは無臭無色結晶で苦味を呈するが，中枢神経を興奮させて眠気を除去する効果があるので，カフェインを含むコーヒーやお茶などは嗜好品として広く親しまれている．さらに，カフェインは強心剤や利尿剤として作用することが知られている．

　そこで本実験では，サリチル酸と無水酢酸を，濃硫酸を触媒としてエステル化反応させ，アセチルサリチル酸の合成を行う．また，茶葉からカフェインを抽出し，その結晶化を行う．

3.2 アセチルサリチル酸の合成とその反応機構

アセチルサリチル酸の合成反応は求核置換反応に分類される．炭素原子と酸素原子の電気陰性度は酸素原子のほうが大きいので，無水酢酸の>C=O間の結合電子は酸素原子側に片寄って存在する．このため，>C=O基の酸素原子は部分的に負電荷を，炭素原子は部分的に正電荷を帯びている(分極)．この正電荷部分の炭素原子と，サリチル酸のヒドロキシル基の酸素原子(非共有電子対)が結合して反応が起こる．このような求核置換反応では>C=O間の分極の程度が大きいほど反応性が高くなる．

3.3 実験 ── アセチルサリチル酸の合成

【器具】

試験管(1本)，ガラス棒(1本)，ビーカー(200 ml，1個)，メスシリンダー(50 ml，1個)，アルコール温度計(1本)，循環式アスピレーター，ウォーターバス，融点測定装置，スパチュラ，融点測定毛細管(数本)．

【試薬】

サリチル酸，無水酢酸，濃硫酸．

【操作1】アセチルサリチル酸の合成

(1) 試験管にサリチル酸 2.76 g (0.02 mol)をいれ，その中に無水酢酸 4 g (0.04 mol)を加えて混合し，さらに濃硫酸を2滴加える[*1]．

(2) この反応混合物を 80～90 ℃ で，30分間かき混ぜた後[*2]，さらに氷浴中で30分間かき混ぜる[*3]．

(3) これに水 20 ml を加えた後，結晶を砕き，これを吸引沪過する．沪液の一部を再びビーカーにもどし，残った結晶をできるだけとりだして沪取する．吸引しながら結晶をガラスさじで押さえて，十分に水分を除去する．

[*1] 濃硫酸は強酸であり，腐食性があるので，採取するときには保護眼鏡と手袋を着用して，取扱いには十分に注意すること．なお，濃硫酸に水を加えてはいけない．

[*2] このとき，温度の上昇に伴ってサリチル酸は無水酢酸に溶けるが，5～6分後には白濁する．しかし，さらに温度が上昇すると再び無色透明の溶液になる．

[*3] 反応溶液を氷浴中で5～10分かき混ぜると，白色結晶の析出が始まる．

【操作2】アセチルサリチル酸の再結晶*1

(1) 得られた粗製のアセチルサリチル酸をビーカーに移し，水60 mLを加えた後，これをかき混ぜながら80 ℃に加熱して結晶を溶かす．

(2) この溶液を氷浴中で30分間放置した後，析出したアセチルサリチル酸を沪取する．

(3) 操作1(3)と同様にして結晶の水分を十分に除去した後，結晶を沪紙にはさみ，押しつけてさらに水分を除き，十分に乾燥させ，収量を測る．

【操作3】融点の測定

(1) 得られたアセチルサリチル酸を少量時計皿にとり，スパチュラですりつぶして十分に細かい粉末にし，3本の融点測定用の毛細管につめる．

(2) アセチルサリチル酸の融点を測定し，融け始めの温度と完全に融け終わった温度を注意深く観察して，融点範囲として記録する．

【結果の整理】

(1) この反応の化学反応式を完成せよ．

(2) 得られたアセチルサリチル酸の収率を計算せよ．

(3) 得られたアセチルサリチル酸の融点とその文献値(133～135 ℃)を比較せよ．また，アセチルサリチル酸，サリチル酸(融点の文献値159 ℃)，アセチルサリチル酸とサリチル酸の混合物の融点を比較せよ．

【課題】

(1) サリチル酸と無水酢酸の反応では，触媒として少量の濃硫酸が加えられる．この濃硫酸の触媒作用について説明せよ．

(2) サリチル酸には，フェノール性ヒドロキシル基とともにカルボキシル基も存在するが，アセチルサリチル酸の合成ではヒドロキシル基が無水酢酸に作用し，カルボキシル基は作用しない．この理由を述べよ．

*1 再結晶溶媒としては，ジエチルエーテル-ヘキサンの混合溶媒が一般に使用される．

> コラム
>
> ## アセチルサリチル酸とノーベル賞
>
> アセチルサリチル酸は鎮痛・解熱・抗炎症薬として優れた薬効を示したが，その作用の詳細は，アセチルサリチル酸が合成されてから74年後の1971年にようやく解明された．生体内で炎症が起こると，酵素タンパク質であるシクロオキシゲナーゼによって，発熱や痛みを起こすプロスタグランジンが多量に合成される．しかし，アセチルサリチル酸はシクロオキシゲナーゼの酵素活性を阻害し，プロスタグランジンの合成を抑制するため，鎮痛・解熱・抗炎症作用を示すことが，イギリスの薬理学者ジョン・R・ヴェインらによって明らかにされた．ヴェインは，ほかの2人の研究者とともに，1982年にノーベル医学・生理学賞を受賞した．

78　B編　化合物の合成と機能

*1 アセトアミノフェン (構造式)

*2 インドメタシン (構造式)

*3 分子量84.9，分子式 CH_2Cl_2 の揮発しやすい無色の液体．ジクロロメタンは塩素系の有機化合物であるため，生態系に排出されると環境汚染の原因になるので，流しなどにそのまま捨ててはいけない．廃棄する場合には，指導教員の指示に従って，指定された専用の試薬びんに回収するように，十分に注意する．

*4 細かい粒になった有機層と水層が混ざり合った状態のこと．

*5 分液漏斗を振とうさせるときは，溶液の様子をよく見ながら行うこと．あまりに弱く振るとカフェインが抽出されないが，あまりに強く振り過ぎるとエマルションが生成してしまう．いったん生成したエマルションは，放置してもなかなか消えないので，分液するのに長時間を要する．エマルションが生成した場合には，分液漏斗を水平方向にゆっくり回転させるか，水層に蒸留水を追加すればよい．

*6 ジクロロメタン層に多量の水が含まれている場合，加えた無水硫酸ナトリウムが固まってしまうことがある．このときは乾燥が不十分なので，さらに無水硫酸ナトリウムを追加し，ジクロロメタン層を十分に乾燥させること．

（3）アセチルサリチル酸を湿った場所で放置すると，酢酸臭がする．この理由を述べよ．

（4）アセチルサリチル酸を合成する方法は，ここで行った合成法以外にも知られている．それらの方法について調べよ．

（5）現在，アセチルサリチル酸以外に，解熱・鎮痛薬としてはアセトアミノフェン*1 が，抗炎症薬としてはインドメタシン*2 などが使用されている．p-ニトロフェノールを還元して p-アミノフェノールとし，さらにアセトアミノフェンを合成するのに必要な反応試薬を考えよ．また，p-アミノフェノールからアセトアミノフェンの合成段階の反応機構を書け．

3.4　実験 —— カフェインの抽出

【器具】

三角フラスコ(500 ml，1個)，三角フラスコ(100 ml，2個)，ナス型フラスコ(200 ml，1個)，ガラス棒(1本)，パスツールピペット(数本)，分液漏斗(300 ml)，結晶皿，スパチュラ．

【試薬】

紅茶葉(ティーバッグで5袋)，ジクロロメタン*3，蒸留水，無水硫酸ナトリウム．

【操作1】茶葉からの抽出

（1）紅茶葉25 g を三角フラスコにいれ，水を200 ml 加えて20分間沸騰させる．これを冷却した後，茶葉を沪過して除く．除いた茶葉に水50 ml を加え，同様の操作をもう一度繰り返す．

（2）これらの抽出液を分液漏斗に移し，室温まで放冷した後，これをジクロロメタン30 ml ずつで2度抽出する．分液漏斗を激しくゆするとエマルション*4 が生成する恐れがあるので，強く振り過ぎないように注意する*5．

（3）下層のジクロロメタン層を分液し，これを三角フラスコに移す．この溶液に無水硫酸ナトリウムを加えてしばらく放置し，抽出したジクロロメタン層を乾燥させる*6．

（4）沪過によって無水硫酸ナトリウムを除去する．また，漏斗上に残った無水硫酸ナトリウムを少量のジクロロメタンで洗浄する．沪液と洗液をナス型フラスコに移し，ジクロロメタンを留去すると粗カフェインが結晶化する．

【操作2】粗カフェインの再結晶

（1）上で得られた粗カフェインを三角フラスコにいれ，少量の水を加える．これを90℃の水浴で加熱し，さらに水を徐々に加えて粗カフェインをできるだけ少量の水に溶かす．このとき，一度に多量の水を加え過ぎないように

注意する*1.

(2) この溶液を静置し,ゆっくりと室温まで冷やす*2. 冷却するに従って,カフェインの単結晶が成長する(よく観察すること).

(3) 濾過によって結晶を分離した後,できるだけ少量の氷水で結晶を洗浄する. 得られた結晶を濾紙の間にはさんで押しつけ,乾燥させると,純粋なカフェインが得られる.

(4) 得られたカフェインの融点を,3.3節の操作3を参考にして測定する.

【操作3】薄層クロマトグラフィー(TLC)

(1) 以上で得られたカフェインと市販のカフェインをそれぞれ少量ずつサンプル管にとり,これらをジクロロメタン1 mlに溶かす.

(2) TLCプレートの下端から5 mmの位置に鉛筆で薄く水平に線を引き,その上にガラスキャピラリーに含ませたそれぞれのジクロロメタン溶液を並べて滴下する. これをしばらく放置し,風乾させる.

(3) 展開溶媒*3としてジクロロメタンを,その表面が底から2~3 mmの高さになるまで展開容器にいれる.

(4) TLCプレートを展開容器にいれ,しっかりとふたをした後,展開溶媒の先端が上端に達するまで静置する.

(5) TLCプレートを静かにとりだし,風乾させた後,UVランプの光をTLCプレートに照射する.

(6) TLCプレート上に現れたスポットの位置を鉛筆で書き込む.

【結果の整理】

(1) 得られたカフェインの収量を求めよ.

(2) 得られたカフェインの融点を測定し(3.3節の操作3を参照),文献値(235~238℃)と比較せよ.

(3) 得られたカフェインと市販のカフェインのTLCの結果を比較せよ.

【課題】

(1) 用いた茶葉に含まれているカフェインの割合を求めよ.

(2) TLCの結果から,再結晶したカフェインの純度を比較せよ.

(3) カフェインが含まれている身近な食品や飲料について調べよ.

*1 再結晶溶媒の沸点よりもかなり低い温度で,粗結晶がすべて溶けてしまうと,室温まで冷やしても析出する純結晶の収量が少なくなる.

*2 熱飽和溶液を氷浴などで急冷すると,細かい結晶が析出し,濾過や洗浄が困難になる. また,このような結晶は不純物を多く含んでいる場合がある.

*3 カラム,薄層,ペーパークロマトグラフィーにおいて移動層として用いられる溶媒を指す. 分析を行うサンプルの性質に応じて展開溶媒を選択する.

4章 アゾ染料の合成

4.1 はじめに

　有機色素のうちで，適当な染色法により繊維(fiber)に染着するものを染料(dye)という．古来より世界各地で使用されてきたインジゴ(藍)*1 に代表される天然染料は，現在ではきわめて特殊な用途だけに限られ，ほとんど全部が合成染料である．染料には直接染料や分散染料などがある．直接染料は，染料の浴から直接に木綿やセルロース系の繊維に染色できる．これは，直接染料がセルロース繊維と水素結合やファンデルワールス力によって結合しやすい構造をもったイオン性化合物であるからである．一方，イオン性部位をもたない分散染料はアセテートや合成繊維の染色に多用されている．とくに，分散染料は昇華性がよいので，熱転写染色法に利用されている．

　また，分子構造の類似性に注目した分類もよく行われており，そのうち分子内にアゾ基(-N=N-)を発色団としてもつアゾ染料は，合成染料の中でも大きな割合を占めている重要な染料である．

　一般に，アゾ染料を合成するには芳香族第一アミンをジアゾ化し，芳香族アミンまたはフェノール類にカップリングさせる．本実験では，代表的な数種類のアゾ染料を合成し，分子構造と色調の違いを観察する．また，木綿とポリエステル繊維に対する染色のしやすさを比較する．

4.2 実　験

【器具】

　ビーカー(50 ml, 100 ml, 各2個)，メスシリンダー(25 ml)，メスピペット，ガラス棒，ピンセット，薬さじ，シャーレ，アスピレーター，ヌッチェ，吸引びん，温度計，手袋，筆，木綿布，ポリエステル布，アイロン．

【試薬】

　アニリン*2，p-トルイジン*3，p-アニシジン*4，フェノール*5，N,N-ジ

*1 インジゴ

*2 アニリン

*3 p-トルイジン

*4 p-アニシジン

*5 フェノール

*1 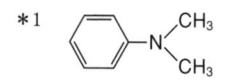 N,N-ジメチルアニリン

*2 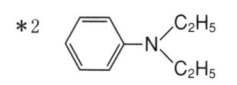 N,N-ジエチルアニリン

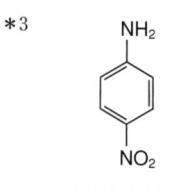

*3 p-ニトロアニリン

*4 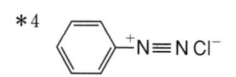 塩化ベンゼンジアゾニウム

*5 アゾ染料は手につくと落ちにくいので，染色の際には手袋を着用し，ガラス棒やピンセットで扱うこと．

メチルアニリン*1，N,N-ジエチルアニリン*2，p-ニトロアニリン*3，水酸化ナトリウム，塩酸，亜硝酸ナトリウム，酢酸ナトリウム，メタノール，アセトン．

【操作1】アゾ染料の合成とセルロース系繊維の染色

（1）100 ml ビーカーにフェノールを 0.70 g ほどとり，2 M 水酸化ナトリウム水溶液を 20 ml 加えて溶かす．

（2）別の 100 ml ビーカーにアニリン 1 ml（または p-トルイジンまたは p-アニシジン 1.00 g）をとり，2 M 塩酸 10 ml を加えて溶かす．続いて，10 % 亜硝酸ナトリウム水溶液を 10 ml 加える．しばらくすると褐色の気体が発生し，塩化ベンゼンジアゾニウム*4 の溶液ができる．

（3）（1）の溶液に，（2）の塩化ベンゼンジアゾニウムの溶液をかき混ぜながら少しずつ加えると，沈殿が析出する．

（4）析出した沈殿を吸引沪過して集め，数枚の沪紙にはさんで乾燥させる．

（5）染色*5

（i）白の木綿布を染めるときは，（1）で調製した溶液に布（10 cm 角）を浸した後，ガラス棒やピンセットを用いて布をシャーレに広げる．

（ii）この布に，（3）のジアゾニウム塩溶液を布の全体が染まるように注ぐ．全体が染まったら布をとりだし，水洗し，乾燥する．

【操作2】アゾ分散染料の合成と合成繊維の染色

（1）50 ml ビーカーに N,N-ジメチルアニリン（または N,N-ジエチルアニリン）を 0.5 ml とり，メタノールを 5 ml 加える．

（2）別の 50 ml ビーカーに p-ニトロアニリンを 0.50 g ほどとり，2 M 塩酸を 10 ml 加えてからガラス棒でかき混ぜて溶かす．続いて，10 % 亜硝酸ナトリウム水溶液を 10 ml 加える（褐色の気体が発生する）．

（3）酢酸ナトリウムを 1.00 g ほど加える．

コラム

発色団と助色団

　有機化合物に，不飽和結合をもつ原子団，たとえば >C=C<，-N=N-，-N=O などが結合すると色が現れる．1876 年 O.ウィットは，これらの原子団を発色団と呼んだ．発色団は，母体化合物の吸収スペクトルの吸収波長を長波長に移動し，発色の原因になる．さらに -OH，-OR，-NH$_2$，-SO$_3$H，-COOH などは，発色団と共役して吸収波長をさらに長波長に移動させるとともに，吸収強度も増大させ，染料の場合には染色性も向上させる．これらの原子団を助色団という．

(4) (1)で用意した N,N-ジメチルアニリン(または N,N-ジエチルアニリン)のメタノール溶液に，(3)の溶液を注意しながらゆっくり加えると，赤色の沈殿が生成する．

(5) この沈殿物を吸引沪過して集め，数枚の沪紙にはさんで乾燥させる．

(6) 染色

(ⅰ) (5)で得た暗赤色結晶 0.5 g を小さいビーカーにとり，アセトンを数 ml ほど加えて溶かす．赤色の溶液ができる．

(ⅱ) この赤色溶液を使って，筆で白紙に絵(文字)を書き，乾かす．

(ⅲ) 絵(文字)を書いた面をポリエステル布に密着させ，ポリエステル繊

コラム

さまざまな染料

繊維には綿，麻，絹，羊毛，レーヨン，ナイロン，ポリエステル，アクリルなど多くの種類がある．染料を用いて繊維を染めるには，染料と繊維の相性に注意しないとうまく染めることはできない．染料が繊維に化学結合または吸着することによって繊維が着色することが染色なので，染料と繊維の相互作用を理解することが染色の良否を考えるうえで大事になる．

染料には直接染料，酸性染料，カチオン染料，分散染料などがあり，各グループに属する染料はそれぞれ染色しやすい繊維に共通性がある．下の表にその特徴をまとめる．

直接染料は，セルロース繊維と水素結合を形成しやすい．

酸性染料は，スルホン酸ナトリウム基から陰イオンがつくられ，タンパク質またはポリアミド繊維の陽イオン部とイオン結合を形成する．酸の添加はこの陽イオンの生成を促進する．

カチオン染料は，アクリル繊維の染色を目的として開発されたものである．

分散染料は，イオン部位をもたず，ポリエステル繊維の隙間(非結晶部分)に浸透して結合する．そのため，ある種の有機化合物を加えて繊維表面を膨潤させたり，高温染色(120～130 ℃以上)が行われたりする．

染料	水への溶解性	分子構造	染色できる繊維	繊維との結合様式
直接染料	易溶	大きな平面構造 陰イオン部位 アゾ基	綿，麻 毛，絹 レーヨン	分子間力 水素結合
酸性染料	易溶	陰イオン部	毛，絹 ナイロン	イオン結合 水素結合
カチオン染料	易溶	陽イオン部 第三級アミン	アクリルなど	イオン結合 分子間力
分散染料	分散	分子量小	ポリエステル アセテート	分子間力 水素結合 高温染色

維に適した温度(200 ℃ぐらい)で紙の上からアイロンを当てる．

(iv) 実験1で合成したアゾ染料を用いて，同じようにポリエステル布に染色してみる．

【結果の整理】

(1) アゾ染料を合成する際の化学反応式を示せ．
(2) 理論収量はいくらと計算されるか．
(3) 得られた染料の実験収量を測定し，収率を求めよ．
(4) アゾ分散染料を合成する際の化学反応式を示せ．
(5) 理論収量はいくらと計算されるか．
(6) 得られた染料の実験収量を測定し，収率を求めよ．
(7) アゾ分散染料とアゾ染料で，ポリエステル布へ染色した際の様子の違いを比較せよ．

【課題】

(1) 人間の眼に，着色したと認識される物質がある．物質に可視光線が照射されたとき，この物質には何が起こっているか．
(2) 用いるアニリン誘導体により，アゾ染料の色は異なる．なぜか．
(3) 木綿およびポリエステルの分子構造を示せ．
(4) 繊維の結晶部分，非結晶部分とは何か．
(5) 今回合成したアゾ分散染料とポリエステルとの結合について，コラム(p.83)を参考にして考えよ．

5章 レーヨンの合成

5.1 はじめに

　衣類などに用いられている繊維には，天然高分子からなる天然繊維と合成高分子や半合成高分子からなる化学繊維がある．天然繊維には，タンパク質を主成分とする絹や羊毛，セルロースを主成分とする綿や麻がある．一方，化学繊維にはナイロンやビニロンなどの合成繊維のほかに，天然高分子を化学的に変化させて溶解した後，再生してつくる再生繊維などがある．いずれの繊維の場合も，それを構成している高分子の分子構造やそれらの分子が集まってできる結晶構造などによって，繊維強度などの性質が大きく左右される．

　通常，繊維が衣料として利用される場合には，さまざまな染料によってそれが着色されている．染料と繊維との間には相性があり，それが悪い場合には染料が十分に繊維に吸着せず，うまく染めることができない．繊維への染料の吸着は，イオン結合や水素結合などの分子間力に基づいているため，染料と繊維の分子構造から説明できる．したがって，繊維の種類に応じて染料を上手に選ぶ必要がある〔B編4章のコラム(p.83)参照〕．

　本章では，セルロースを主成分とする再生繊維の代表として銅アンモニアレーヨンをつくり，さまざまな染料でその繊維を染色することによって，染料分子と繊維との相互作用について考える．

5.2 実　験

【器具】

　シリンジ，凝固浴用バット，巻きとり用試験管，ピンセット，ビーカー(100 ml, 3個)，脱脂綿，ガラス棒，ホールピペット(5 ml, 10 ml)，メスシリンダー(200 ml)．

【試薬】

　硫酸化銅(Ⅱ)五水和物，濃アンモニア水，水酸化ナトリウム，1 M 硫酸，市販染料(ダイレクトブルー71, オレンジ G).

【操作1】銅アンモニアレーヨンの製造

　(1) 硫酸銅(Ⅱ)五水和物 1 g を濃アンモニア水 10 ml に徐々に加えて溶解した後，これに 2 M 水酸化ナトリウム溶液 5 ml を少しずつ加えると，深青色のシュワイツァー試薬が得られる．

　(2) (1)でつくったシュワイツァー試薬に脱脂綿(セルロース)約 0.5 g を少しずついれ，ガラス棒で十分に撹拌して溶解する．

　(3) 濃アンモニア水を 10 倍に薄めたもの 10 ml を，徐々に(2)の溶液に加えて薄めることによって紡糸液をつくる．

　(4) (3)でつくった紡糸液をシリンジにいれ，6 M 水酸化ナトリウム溶液を満たした凝固浴の中に押しだして凝固させ，それを試験管に巻きとる．

　(5) 試験管に巻きとった糸を純水で十分に洗浄した後，さらに希薄硫酸溶液中にいれて脱色し，再び水洗した後，十分に乾燥すると銅アンモニアレーヨンの糸が得られる．

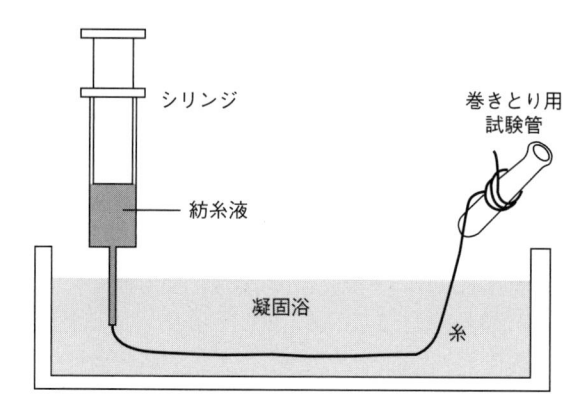

図 5.1　銅アンモニアレーヨンの製造方法

【操作2】銅アンモニアレーヨン繊維の染色

　(1) ビーカー中において，市販染料(ダイレクトブルー71, オレンジ G)および B 編 4 章で合成したアゾ染料とアゾ分散染料をそれぞれ 0.02 g ずつ 50 ml の純水に溶解する．

ダイレクトブルー71

オレンジ G

コラム

レーヨンの合成反応

セルロース(cellulose)は植物の細胞壁の主成分である多糖であり，次のようにグルコース(glucose)が連なった化合物である．

セルロース

銅アンモニア法は，セルロースを銅アンモニア溶液に溶解させた後に，酸によって再び繊維を沈殿させて再生繊維を得る方法である．このときの反応は次の通りである．

$$2\,\text{cell-OH} + [Cu(NH_3)_4](OH)_2 \longrightarrow (\text{cell-O})_2[Cu(NH_3)_4] + 2\,H_2O$$
　　セルロース　シュワイツァー試薬　　　　セルロース銅(II)アンモニア錯塩

$$(\text{cell-O})_2[Cu(NH_3)_4] + 6\,H^+ \longrightarrow 2\,\text{cell-OH} + Cu^+ + 4\,NH_4^+$$
　　　　　　　　　　　　　　　　　　　　　　再生セルロース

ほかによく知られている再生繊維としては，ビスコース法によって得られるビスコースレーヨンがある．ビスコース法では，セルロースを水酸化ナトリウム水溶液に浸漬してアルカリセルロースを生成させた後，二硫化炭素と反応させてセルロースキサントゲン酸ナトリウムをつくり，これを水酸化ナトリウムに溶解させてビスコース溶液をつくる．このビスコース溶液をしばらく放置した後に，凝固浴として硫酸を用いて紡糸する．このときの反応は次の通りである．

$$[\text{cell-OH} + NaOH] + CS_2 \longrightarrow S{=}C(\text{O-cell})(SNa) + H_2O$$
　アルカリセルロース　二硫化炭素　　　セルロースキサントゲン酸ナトリウム

$$S{=}C(\text{O-cell})(SNa) + H_2SO_4 \longrightarrow \text{cell-OH} + CS_2 + Na_2SO_4$$
　　　　　　　　　　　　　　　　　　　　　　再生セルロース

現在，世界における人造セルロース系繊維(レーヨン)の大部分はこの方法でつくられている．

(2) 操作1でつくった繊維（銅アンモニアレーヨン）の適量を染料水溶液が入ったビーカーにいれて，ガラス棒でかき混ぜながら加熱し続ける．

(3) 10分間沸騰させた後，別のビーカーにピンセットで染色した繊維をとりだし，水道水で十分にすすいだ後，さらに熱湯で2,3回すすぐ．

(4) 得られた繊維を乾燥し，白い紙の上に並べて，染料の種類と具合を観察する．

【結果の整理】

(1) 銅アンモニアレーヨン繊維と染料の化学構造式を書き，染色の具合を表にまとめよ．

(2) (1)の結果を元にして，各染料と繊維との結合様式について考えよ．

【課題】

(1) シュワイツァー試薬にセルロースを加えると溶解する理由を説明せよ．また，水酸化ナトリウム水溶液中で再びセルロースが沈殿するのはなぜか．

(2) ほかにはどのような紡糸方法があるか，それぞれの特徴とともにまとめよ．

(3) 染料の種類によって染色の具合が異なる理由を述べよ．

6章 ヒドロゲルの合成

6.1 はじめに

　イオン性基をもった高分子電解質，あるいは水と非常に親和性のある高分子をわずかに橋架けした樹脂は，自重の数百倍もの水を吸収して膨潤したヒドロゲル（hydrogel）となる（図6.1）．一般に，水となじみやすい高分子の鎖は水に溶解しようとするが，ヒドロゲルの場合には橋架け構造を形成しているために溶解できない．このため，ヒドロゲルは多くの水分子を保持した状態で安定化し，液体と固体の中間の性質をもった柔らかい材料（ソフトマテリアル）となる．

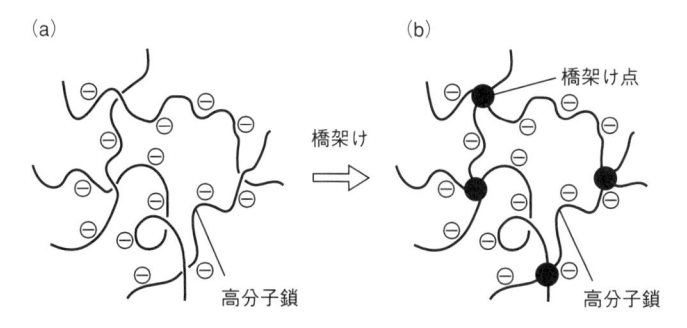

図 6.1　高分子電解質(a)と高分子ゲル(b)の模式図

　たとえば，カルボキシル基をもつアクリル酸とジビニル化合物であるメチレンビスアクリルアミド（架橋剤）とを共重合することによって，多数のカルボキシル基をもった高分子のネットワーク（ポリアクリル酸ゲル）が形成され，その内部に多量の水を保持できるようになる．現在，このような高吸水性樹脂は，紙おむつなどの衛生品として広く普及している．また，水で膨潤したヒドロゲルは，そのソフトマテリアルとしての性質を利用して，医療分

野から食品加工に至るまで幅広い応用が期待されている.

本章では,ポリアクリル酸とは異なって高分子電解質ではないが,水と非常に親和性のあるポリアクリルアミドをヒドロゲルの主成分として選び,それを化学結合によってわずかに橋架けしたポリアクリルアミドゲルを合成する.ここでは,高分子合成で最も基本的なラジカル重合(radical polymerization)を利用して,ビニル系モノマーのアクリルアミドと架橋剤であるメチレンビスアクリルアミドとを共重合することによって,図6.2に示すようなポリアクリルアミドゲルを合成し,さまざまな溶液中での膨潤挙動を調べる.

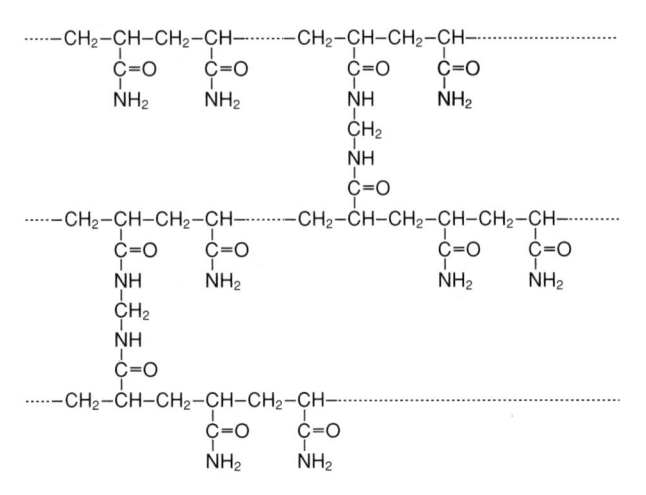

図6.2 ポリアクリルアミドゲルの構造

6.2 実 験

【器具】

試験管(4本),ビーカー(6個),ホールピペット(1 ml, 2 ml, 10 ml),メスシリンダー(10 ml),膨潤度測定用サンプル管,注射器,カッターナイフ,シャーレ,ピンセット,沪紙,恒温槽,天秤,乾燥器.

【試薬】

アクリルアミド,N,N'-メチレンビスアクリルアミド,過硫酸アンモニウム,硫酸鉄(Ⅱ)七水和物,アセトン.

アクリルアミド　　　N, N'-メチレンビスアクリルアミド

【操作1】ポリアクリルアミドゲルの合成

（1）まず，水 10 ml にアクリルアミド 3 g を溶解させた A 液を用意する．これとは別に，水 10 ml に N,N'-メチレンビスアクリルアミド 30 mg を溶解させた B 液を調製する．

（2）試験管 4 本（試験管①，②，③，④）を用意し，それぞれの試験管に(1)で調製した A 液を 2 ml ずついれる．さらに，試験管①に(1)で調製した B 液 1 ml，試験管②に B 液を 5 倍に薄めた溶液 1 ml，試験管③に B 液を 10 倍に薄めた溶液 1 ml，さらに試験管④には水 1 ml を加える．

（3）次に，過硫酸アンモニウム 10 mg を水 10 ml に溶解させた C 液と，硫酸鉄(Ⅱ)七水和物 10 mg を水 10 ml に溶解させた D 液を用意する．なお，C 液と D 液は使用するまで氷冷しておくほうがよい．

（4）最後に，試験管①，②，③，④の溶液にそれぞれ C 液 1 ml と D 液 1 ml を加え，すばやく混合した後，直ちに 30 ℃の恒温槽内に静置し，反応を開始

コラム

高分子合成

本章の高吸水性樹脂を合成する際に利用したビニル化合物の付加重合は，一般式として次のように書くことができる．このような付加重合は高分子合成の中で最も重要な方法であり，汎用プラスチックの合成など工業的にも広く利用されている．

$$n\,CH_2=CH\,{-}\,X \xrightarrow{\text{開始剤}} {-}(CH_2-CH(X))_n-$$

単量体（モノマー）　　　高分子（ポリマー）

ビニル化合物の付加重合は連鎖的に進み，その中間体がラジカル，カチオン，アニオンのいずれであるかによって，それぞれラジカル重合，カチオン重合，アニオン重合に区別される．この中でラジカル重合は最も簡便な方法で行うことができるが，一般的には，得られる高分子の分子構造を規制することは困難である．一方，カチオン重合やアニオン重合は若干難しい反応操作が必要となるが，できあがる高分子の長さを調節するなど分子構造を制御することができる．また，式中にある X の種類などモノマーの分子構造によって，ラジカル重合しやすいものやアニオン重合しやすいものなど反応形態は異なってくる．また，2 種類以上のモノマーを反応させて高分子にすることを共重合といい，合成された高分子を共重合体と呼んでいる．共重合体には，モノマーの組合せによって多種多様な性能や機能をもったものが存在し，現在使用されているプラスチックの多くが共重合体である．また，共重合体も各モノマーの並び方によってランダム共重合体，ブロック共重合体，グラフト共重合体などに分類され，同じモノマーからなる共重合体もその並び方によってまったく異なる性質を示す．

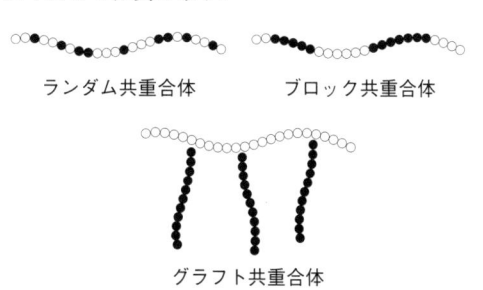

ランダム共重合体　　　ブロック共重合体

グラフト共重合体

(5) 反応開始後，5分おきに各試験管を傾けて溶液の粘度を調べ，溶液が完全に動かなくなり，ゲル化するまでの時間を記録する．反応開始後，30分たってもゲル化しないものは，そのまま未ゲル化系とする．

(6) 30分後，ゲル化したものについて，試験管に水をいれてゲルをとりだす．このとき，できるだけゲルを破壊しないように試験管からとりだすには，水の入った注射器の針をガラス壁とゲルとの間に差し込みつつ，水を注入しながらゲルを注意深くとりだせばよい．このゲルを過剰の純水に浸漬し，未重合モノマーなどを洗い流す（通常，ゲルの洗浄には長時間を要するが，ここでは時間の都合上簡単に洗浄する）．

【操作2】ポリアクリルアミドゲルの膨潤度測定

(1) 操作1で得られたすべてのゲルから，カッターナイフを用いて1 cm程度の厚さのゲル片を三つずつ切りだし，膨潤度測定用の試料とする．このとき，いずれの試験管からとりだされたゲルであるか区別できるようにして

コラム

古くて新しい材料 ── ゲル

ゲル（gel）は，ゼリー状のものとして，古くからこんにゃくやゼラチンなどの食品に多く見られた．さらに最近では，紙おむつなどの衛生用品や保冷剤，化粧品として利用されるだけでなく，コンタクトレンズを始めとして医療用材料としても利用され始めている．このようにゲルは非常に古くから存在するが，その興味ある機能や性能のために最近新たに注目されるようになり，古くて新しい材料といえる．

ゲルとは，あらゆる溶媒に不溶な網目構造をもつ高分子，およびそれが溶媒によって膨潤したものと定義される．その網目構造を形成している高分子の種類によってさまざまな性質を示し，いくつかのゲルでは，本章の実験のように外部溶液の組成変化などを自ら感知してその大きさを変化させることから，"賢い材料"（インテリジェントマテリアル）と呼ばれ，さまざまな応用が期待されている．ほかにもpHや温度，電場などの変化によって応答するゲルが知られており，薬剤放出用材料(a)や人工筋肉(b)などの次世代材料として，医療・医薬・食品・土木・バイオテクノロジー分野などで精力的に研究開発が進められている．

(a) 薬物放出用材料

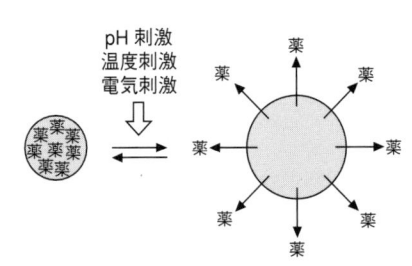

pH刺激
温度刺激
電気刺激

(b) 人工筋肉

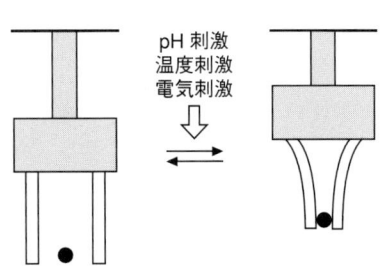

pH刺激
温度刺激
電気刺激

おく.

(2) 次に，膨潤度測定用溶液として純水，アセトン/水(1:1)混合液，アセトンを用意する．この3種類の溶液中に(1)で切りだした三つのゲルをそれぞれ浸漬する．

(3) 浸漬開始後，10分ごとにゲルをとりだし，沪紙でゲル表面に付着した溶液をふきとった後に，精密天秤でゲルの重量を測定する．重量変化がゲル全体の重量の1%以下になったとき，ゲルが膨潤平衡に達したとして，そのときの重量をWとする．

(4) 最後に，ゲルを80℃の乾燥器にいれて一定重量が得られるまで十分に乾燥させ，そのゲルの乾燥重量W_dを測定する．ただし，アセトンおよびアセトン/水混合液中で膨潤させたゲルは，純水でゲルからアセトンを十分に洗い流した後に乾燥させなければならない．したがって重量膨潤度Q_wは，ゲルの膨潤重量Wと乾燥重量W_dから次式を用いて算出できる．

$$Q_w = \frac{W}{W_d}$$

【結果の整理】

(1) N,N'-メチレンビスアクリルアミド濃度とゲル化時間との関係をグラフにせよ．

(2) 重量膨潤度を算出し，各膨潤度測定用溶液中における重量膨潤度の時間変化をグラフにし，溶液の種類と重量膨潤度との関係を調べよ．

【課題】

(1) N,N'-メチレンビスアクリルアミド濃度とゲル化時間との関係から，N,N'-メチレンビスアクリルアミドがどのような役割を果たしていることがわかるか．

(2) ポリアクリルアミドゲルの膨潤度が，水，アセトン/水混合液，アセトン中で大きく異なる理由を説明せよ．

(3) ヒドロゲルの膨潤度に影響するほかの因子を考えよ．

7章 ホトクロミズム

7.1 はじめに

光, 熱, 圧力, pH などの外的条件を物質に与えたとき, 物質の色が変化する現象をクロミズムという. なかでも, 光の照射で色を変え, 暗所で再び元の色にもどる現象をホトクロミズムといい, この現象を示す物質をホトクロミック化合物と呼ぶ. ホトクロミック化合物には ZnS などの無機化合物もあるが, 数多くの有機化合物も知られている. 変色の原因には環の開裂や水素原子の解離による遊離基の生成などがあるが, 機構が確定されたものは少ない. スピロピランは, 環の開裂により変色することが知られている代表的なホトクロミック化合物である. なお, ホトクロミズムは植物の光合成, 写真, コピーなどと同じく光化学反応を利用したものであり, コンピュータ用高密度記録材料, 高密度マイクロフィルム材料, 密度可変光シャッターなどへの応用研究が進められている.

ここでは, ホトクロミック化合物として代表的なスピロピラン(以後 SP と略す)の一つである $1',3',3'$-トリメチル-6-ニトロ-$2H$-クロメン-2-スピロ-$2'$-インドリンのホトクロミズムを観察し, 退色過程の反応速度定数を測定する.

SP(無色) ⇌ SPR(青色) (光／熱)

7.2 実験

【器具】

温度計(2本), ライト[*1], スライダック, ストップウォッチ, 分光光度計, ガ

[*1] LPL 社製ブロムビデオランプ(100 V, 300 W).

ラスセル, ビーカー(200 ml, 4 個), メスピペット(1 ml, 5 ml), 試験管(3 本).

【試薬】

スピロピラン(1′,3′,3′-トリメチル-6-ニトロ-2H-クロメン-2-スピロ-2′-インドリン), トルエン.

【操作1】ホトクロミズムの観察

(1) スピロピラン 15 mg をトルエン 50 ml に溶かした溶液 1 ml をピペットで試験管にとり, ここにトルエン 9 ml を加える.

(2) 2 本の試験管にこの溶液を 1 ml ずついれ, ふたをする. ビーカーに純水を約 100 ml とり, この中へ 1 本の試験管をいれて光を当てる[*1]. 液はしだいに青くなる. 約 20 秒で色の変化はなくなるので, 光を当てるのをやめ, 溶液の色の変化を観察する. 色が消えたら再び光を当て, この変化が可逆的であることを確かめる. このとき, 光を当てなかったもう 1 本の試験管を横において比較すること.

(3) 本実験も, (2)で用いた 2 本の試験管を使って行う. (a)水温より 10 ℃ 高い純水に 1 本の試験管をいれ, 数分放置した後, (2)と同様の条件で光を当て, 青色が消失するまでの時間を測定する. 同様な実験を(b)水温, (c)水温より 10 ℃ 低い水の中, (d)氷水においても行う. このとき, 光を当てなかったもう 1 本の試験管を横において比較すること.

【操作2】退色の反応速度定数の測定

(1) 分光光度計の調整を波長を 600 nm に設定して行う(A 編 4 章 2 節参照). なお, ブランクとしてトルエンを用いる.

(2) 操作1(1)で調製したスピロピランの溶液 7 ml をガラスセルにいれる. 200 ml ビーカーにいれた純水 150 ml の温度を約 15 ℃ に調整し, ガラスセル

*1 光はスライダックで調節する. 本実験では, スライダックの目盛りを 80 V に合わせる. また, ランプと試験管の距離は 15 cm とする. なお, 本ライトは強力なので, スライダックを 80 V 以上にしたり, ランプを直視したりしないこと.

> **コラム**
>
> ## クロミズム
>
> 光, 熱, 圧力, pH などの外的条件を物質に与えたとき, 色が変化する現象をクロミズムという. 今回の実験テーマであるホトクロミズム以外に, エレクトロクロミズム, サーモクロミズム, ソルバトクロミズムなどが知られている.
>
> 電圧の印加により色が変化するエレクトロクロミズムの例としては, 液晶やモリブデンを添加した酸化タングステンなどがある. 液晶がエレクトロクロミズムを示す原因は, 液晶では構造に異方性があるため, 電場でその配向が変わることによる. 各種電子装置に広く用いられている液晶表示は, この原理を用いている. 単一物質または溶液の温度により色が変わるサーモクロミズムを示す化合物は, 外部からの圧力の変化により色が可逆的に変化するピエゾクロミズムやホトクロミズムを示すことが多い. 物質を溶かす溶媒を変えると異なる色を示すソルバトクロミズムも知られている.

をビーカーにつけて数分放置した後，ガラスセル内の溶液の温度を測定する．

(3) 操作1(2)と同様の条件で光を当てて発色させた後，できるだけすばやく分光光度計のセル室にいれ，波長600 nmにおける透過率を5秒おきに測定する[*1]．測定は，透過率が99〜100 %で一定になるまで行う．

(4) ガラスセル内の溶液の温度を再び測定する．

(5) 以上の実験を2回行う．

(6) ガラスセルに温度計をいれたままにして，(3)と同様に光を当てる．ライトを消したときからガラスセル内の温度を10秒おきに測定する[*2]．

[*1] ライトを消したときを$t=0$とする．

[*2] 温度の測定は操作2(3)の測定時間まで行う．

【結果の整理】

(1) (a)〜(d)の温度における，溶液の青色が消失するまでの時間を表にまとめよ．

(2) 測定した透過率から吸光度Aを求め[*3]，表7.1にならってまとめよ．

(3) 縦軸に$\ln A$を，横軸に時間tをとり，プロットせよ．

(4) (3)で作成したグラフの傾きより反応速度定数を，$t=0$の切片からA_0を求めよ．

[*3] 透過率(T %)と吸光度(A)は，$A = -\log(T/100)$の関係にある．

コラム

CD-RとCD-RW

コンパクトディスク(CD)はディスク上にあらかじめ情報を記録しておき，再生のみが可能であるが，最近，情報を自由に書き込みあるいは読みだすことができるCD-RまたはCD-RWが，コンピュータの情報記録媒体として脚光を浴びている．これらは，基板上にコーティングした有機物の薄膜を記録媒体とするもので，その記録原理は多岐にわたる．現在市販されているものはほかの原理に基づくものであるが，本実験で用いたスピロピランなどのホトクロミック材料は，書き込み速度が速い(ナノ秒)，高解像度に記録できるので記録密度を向上できる，多重記録が可能であるなどの優れた特徴をもつため，将来の光記録材料として有望視されている．

シス-スチルベンは紫外線照射により閉環体へ変換し，熱反応によってシス体へもどり，可逆なホトクロミック反応を示す．しかし，熱反応でシス体へもどるのでは記録材料として用いることはできない．ベンゼン環をヘテロ五員環で置き換えることにより，閉環体の寿命が延長されたことが契機となって，さまざまな化合物が合成された．その結果，次に示す化合物(ビスベンゾチエニルペルフルオロシクロペンテン)が高い熱安定性とともに，空気存在下で1万回の繰返し耐久性を示すことが報告されている．

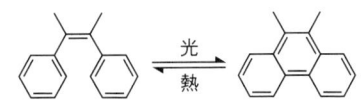

表7.1 実験結果の整理例

t/s	T/%	A	$\ln A$	$10^2 k$/s^{-1}
5	50	0.301	−1.200	4.21
10	89	0.051	−2.984	3.88
⋮	⋮	⋮	⋮	⋮
120	97	0.013	−4.325	4.52

(5) 反応速度定数に関するコラムの式(7)より，各測定時間における反応速度定数を計算せよ．

(6) 半減期を計算せよ．

(7) 操作2(6)で測定したセル内の温度と時間の関係をグラフにせよ．

コラム

反応速度定数

化学反応の速度やそれを支配する諸因子を知ることは重要である．これら要因のうち最も重要なものは濃度，温度，圧力である．多くの化学反応は温度，圧力を一定の状態にして観測することが可能であるので，化学反応の速度 v は反応生成物の濃度 x の時間変化 dx/dt で表される．あるいは反応原料の濃度 c の時間変化 dc/dt で表してもよい．

ある種の反応では，反応速度は原料濃度の数乗に比例する．もし反応速度が一つの成分の濃度に正比例するならば

$$v = kc \tag{1}$$

と表され，反応は一次であるという．

一次反応は形式的に

$$A \longrightarrow P \tag{2}$$

と書ける．反応の始まり($t = 0$)では，Aの濃度を a，Pの濃度を0とする．時間 t を経たときのPの濃度を x とすると，Aの濃度は $a - x$ となる．Pの生成速度は dx/dt であるから，一次反応に対しては

$$dx/dt = k(a - x) \tag{3}$$

となる．変数を分離して両辺を積分すると

$$-\ln(a - x) = kt + C \tag{4}$$

となる．ここで，$t = 0$ では $x = 0$ であるので，$C = -\ln a$ となる．これを式(4)に代入して整理すると

$$\ln\{a/(a - x)\} = kt \tag{5}$$

となる．式(5)は

$$\ln(a - x) = \ln a - kt \tag{6}$$

と変形できるので，$\ln(a - x)$ を t に対してプロットすると，直線の傾きは $-k$ となり，縦軸の切片は $\ln a$ となる．なお本実験においては，時間0における吸光度を A_0，ある時間における吸光度を A とすると，式(6)は

$$\ln A = \ln A_0 - kt \tag{7}$$

とみなしてよい．

式(5)において，$x = a/2$ になるときの時間を半減期という．これを $t_{1/2}$ で表すと

$$t_{1/2} = \ln 2/k \tag{8}$$

となる．

【課題】
(1) 一次反応の反応速度定数の単位を導け．
(2) 半減期を示す式(8)を誘導せよ．
(3) 反応速度定数を最小二乗法により求めよ．
(4) 波長が 350 nm の光(電磁波)のもつエネルギーを求め，共有結合のエネルギーと比較せよ．
(5) 光化学反応の実例を調べよ．
(6) クロミズムの実例を調べよ．
(7) 反応速度と温度の関係について述べよ．

付　録

表 1　基本物理定数

量	記号および等価な表現	値
真空中の光速	c_0	$299\ 792\ 458\ \mathrm{m\ s^{-1}}$
真空の誘電率	$\varepsilon_0 = (\mu_0 c_0^2)^{-1}$	$8.854\ 187\ 816 \times 10^{-12}\ \mathrm{F\ m^{-1}}$
電気素量	e	$1.602\ 177\ 33(49) \times 10^{-19}\ \mathrm{C}$
プランク定数	h	$6.626\ 075\ 5(40) \times 10^{-34}\ \mathrm{J\ s}$
	$\hbar = h/2\pi$	$1.054\ 572\ 66(63) \times 10^{-34}\ \mathrm{J\ s}$
アボガドロ定数	$L,\ N_\mathrm{A}$	$6.022\ 136\ 7(36) \times 10^{23}\ \mathrm{mol^{-1}}$
原子質量単位	$m_\mathrm{u} = 1u$	$1.660\ 540\ 2(10) \times 10^{-27}\ \mathrm{kg}$
電子の静止質量	m_e	$9.109\ 389\ 7(54) \times 10^{-31}\ \mathrm{kg}$
陽子の静止質量	m_p	$1.672\ 623\ 1(10) \times 10^{-27}\ \mathrm{kg}$
中性子の静止質量	m_n	$1.674\ 928\ 6(10) \times 10^{-27}\ \mathrm{kg}$
ファラデー定数	$F = Le$	$9.648\ 530\ 9(29) \times 10^4\ \mathrm{C\ mol^{-1}}$
リュードベリ定数	$R_\infty = me^4/8\varepsilon_0^2 ch^3$	$1.097\ 373\ 1534(13) \times 10^7\ \mathrm{m^{-1}}$
ボーア半径	$a_0 = \varepsilon_0 h^2/\pi me^2$	$5.291\ 772\ 49(24) \times 10^{-11}\ \mathrm{m}$
気体定数	R	$8.314\ 510(70)\ \mathrm{J\ K^{-1}\ mol^{-1}}$
セルシウス温度目盛のゼロ	T_0	$273.15\ \mathrm{K}$（厳密に）
標準大気圧	P_0	$1.013\ 25 \times 10^5\ \mathrm{Pa}$（厳密に）
理想気体の標準モル体積	$V_0 = RT_0/P_0$	$22.711\ 08(19)\ l\ \mathrm{mol^{-1}}$
ボルツマン定数	$k = R/L$	$1.380\ 658(12) \times 10^{-23}\ \mathrm{J\ K^{-1}}$

各数値の後のかっこ内に示された数は，その数値の標準偏差を最終桁の1を単位として表したものである．

国際単位系（SI）

　国際単位系は，多くの専門分野で使用されているさまざまな単位を統一する目的で，第11回国際度量衡総会（1960年）の決議により導入された．化学の分野では，1969年の国際純正・応用化学連合（IUPAC）総会で採択され，SIを優先使用する方針が決められた．

　SIは，七つの基本単位（表2）と二つの補助単位（平面角ラジアン[rad]，立体角ステラジアン[sr]）で構成されている．すべての物理量は基本単位と補助単位の組合せで表し，これをSI組立単位という．たとえば，速度は$\mathrm{m\ s^{-1}}$のように表される．なお，SI組立単位には特別の名称をもつものがあり，それらを誘導単位（表3）と呼ぶ．また，SI単位には，10の累乗倍を表す接頭語（表4）をつけてもよい．

　なお，非SI単位とSI単位との関係を表5に示す．

表2 SI基本単位

物理量	名称	記号
長さ	メートル	m
質量	キログラム	kg
時間	秒	s
電流	アンペア	A
温度	ケルビン	K
物質量	モル	mol
光度	カンデラ	cd

表3 誘導単位とSI組立単位

物質量	名称	記号	組立単位
力	ニュートン	N	$kg\,m\,s^{-2}$
圧力	パスカル	Pa	$kg\,m^{-1}\,s^{-2} = N\,m^{-2}$
エネルギー	ジュール	J	$kg\,m^2\,s^{-2}$
仕事量	ワット	W	$kg\,m^2\,s^{-3} = J\,s^{-1}$
電荷	クーロン	C	$A\,s$
電位差	ボルト	V	$kg\,m^2\,s^{-3}\,A^{-1} = J\,A^{-1}\,s^{-1}$
電気抵抗	オーム	Ω	$kg\,m^2\,s^{-3}\,A^{-2} = V\,A^{-1}$
伝導度	ジーメンス	S	$kg^{-1}\,m^{-2}\,s^3\,A^2 = A\,V^{-1} = \Omega^{-1}$
周波数	ヘルツ	Hz	s^{-1}

表4 接頭語

大きさ	SI接頭語	記号	大きさ	SI接頭語	記号
10^{-1}	デシ(deci)	d	10	デカ(deca)	da
10^{-2}	センチ(centi)	c	10^2	ヘクト(hecto)	h
10^{-3}	ミリ(milli)	m	10^3	キロ(kilo)	k
10^{-6}	マイクロ(micro)	μ	10^6	メガ(mega)	M
10^{-9}	ナノ(nano)	n	10^9	ギガ(giga)	G
10^{-12}	ピコ(pico)	p	10^{12}	テラ(tera)	T
10^{-15}	フェムト(femto)	f	10^{15}	ペタ(peta)	P
10^{-18}	アット(atto)	a	10^{18}	エクサ(exa)	E

表5 非SI単位とSI単位との関係

物理量	非SI単位とSI単位との関係
長さ	$1\,Å = 10^{-10}\,m$, $1\,\mu = 10^{-6}\,m$
体積	$1\,l = 1\,dm^3 = 10^{-3}\,m$
時間	$1\,m(分) = 60\,s$, $1\,h(時間) = 3600\,s$
力	$1\,kgw(重量キログラム) = 9.8\,N$
圧力	$1\,atm = 1.01 \times 10^5\,Pa$, $1\,bar = 10^5\,Pa$, $1\,mm\,Hg = 133\,Pa$
エネルギー	$1\,cal = 4.184\,J$, $1\,l\,atm = 1.01 \times 10^2\,J$

索 引

― 事 項 ―

【あ】

アクア錯イオン	9
アゾカップリング	67
アゾ染料	81,86
アゾ分散染料	86
アニオン重合	91
アルコキシドイオン	60
安定度定数	47
アンミン錯イオン	9
イオン交換クロマトグラフィー	26
一次標準	39
1,2-脱離	62
E2反応	62
移動距離	28,30,33,36
移動相	25
移動率	27
E1反応	62
インテリジェントマテリアル	92
受用	38
液体クロマトグラフィー	25
S_N2反応	60
S_N1反応	61
塩化鉄(Ⅲ)反応	29
オルト-パラ配向性	65

【か】

化学繊維	85
化学的酸素要求量	46
可視光	50
加水分解	14
ガスクロマトグラフィー	25
カチオン重合	91
ガラス器具の洗浄	2
カラム	31

カラムクロマトグラフィー	25,31
還元剤	44
緩衝溶液	11
機器分析	7
吸引沪過	71
求核試薬	60
求核置換反応	60
吸光光度法	49
吸光度	49
吸着クロマトグラフィー	26
求電子試薬	65
求電子置換反応	65
共重合	91
共鳴効果	61
キレート	47
――滴定	46
金属錯イオン	65
金属錯体	65
金属指示薬	47
クロマトグラフィー	25
イオン交換――	26
液体――	25
ガス――	25
カラム――	25,31
吸着――	26
薄層――	25,34,79
分配――	26
ペーパー――	25,27
クロミズム	95
系統分析	7
ゲル	16,92
――化	92
――化時間	93
検量線	50
合成繊維	85
酵素	70
高分子化合物	70

索引

高分子ゲル	89
高分子電解質	89
固定相	25

【さ】

再生繊維	85
錯体	69
酸化還元滴定	44
酸化剤	44
ザンドマイヤー反応	67
実験ノート	1
重合	
アニオン――	91
カチオン――	91
共――	91
付加――	91
ラジカル――	90,91
終点	37
重量膨潤度	93
触媒	70
水素結合	81
スポット	36
生成定数	47
整理ノート	1
セルロース	86,87
繊維	81
化学――	85
合成――	85
再生――	85
天然――	85
銅アンモニアレーヨン――	86
遷移金属元素	21
染料	81
測容器	37
ソフトマテリアル	89
ゾル	16

【た】

出用	38
脱離基	60
脱離反応	59,60
炭素陽イオン	61
置換反応	59,60
中和	18
――滴定	40
沈殿	7
定性分析	7
定量	7
――分析	7
デカンテーション	63
滴定	37
――曲線	41
転位反応	59,60
展開時間	30
展開溶媒	25,28,79
天然繊維	85
銅アンモニア法	87
銅アンモニアレーヨン	85,86,88
――繊維	86
当量点	37
突沸	15

【は】

配位子	69
配位数	69
薄層クロマトグラフィー	25,34,79
発色剤	28,30
発色団	81
半減期	98
反応	
――速度定数	95
E1 ――	62
E2 ――	62
S_N1 ――	61
S_N2 ――	60
塩化鉄(Ⅲ)――	29
求核置換――	60
求電子置換――	65
ザンドマイヤー――	67
脱離――	59,60
置換――	59,60
転位――	59,60
付加――	59,60
ヨードホルム――	63
pH指示薬	40

ビスコース法	87	保持容量	33
ヒドロゲル	89	補色	50
ピペット	37	ポリアクリルアミドゲル	90〜92
ビュレット	37		
標準溶液	37	**【ま】**	
標定	39		
ファクター	40	メスフラスコ	37
ファンデルワールス力	81	メタ配向性	65
フェノキシドイオン	60	メニスカス	39
付加重合	91	モル吸光係数	49
付加反応	59,60		
ブランク	46	**【や】**	
分極	76		
分光光度計	96	溶解度積	10
分析		溶媒の極性	34
機器――	7	溶離定数	33
系統――	7	容量分析	7,37
定性――	7	容量モル濃度	9
定量――	7	ヨードホルム反応	63
容量――	7,37		
分配クロマトグラフィー	26	**【ら】**	
分離	7		
平衡定数	10	ラジカル重合	90,91
β-脱離	62	ランベルト-ベールの法則	49
ペーパークロマトグラフィー	25,27	理論収量	72
膨潤度	92	レポート	3
保護眼鏡	15	レーヨン	85,87

― 化 合 物 ―

化合物	式	ページ
アクリルアミド	$CH_2=CHCONH_2$	90
アセチルサリチル酸	$o\text{-}C_6H_4(CO_2H)(OCOCH_3)$	75
アセトアミノフェン	$p\text{-}CH_3CONHC_6H_4OH$	78
インドメタシン	$C_{19}H_{16}NO_4Cl$	78
エチレンジアミン四酢酸	$(HOOCCH_2)_2NCH_2CH_2N(CH_2COOH)_2$	46
オキシン	C_9H_7NO	28
オレンジ G	$C_{16}H_{10}N_2Na_2O_7S_2$	86
活性アルミナ		34
カテコール	$o\text{-}C_6H_4(OH)_2$	29
カフェイン	$C_8H_{10}N_4O_2$	75
過マンガン酸カリウム	$KMnO_4$	44
過硫酸アンモニウム	$(NH_4)_2S_2O_8$	90
グルコース	$C_6H_{12}O_6$	87
サリシン	$C_{13}H_{18}O_7$	75
サリチル酸	$o\text{-}C_6H_4(OH)COOH$	29, 75
ジクロロメタン	CH_2Cl_2	78
ジメチルグリオキシム	$[CH_3C(=NOH)]_2$	22
シュワイツァー試薬	$[Cu(NH_3)_4](OH)_2$	86, 87
シリカゲル		32, 34
スピロピラン	$C_{19}H_{18}N_2O_3$	95
ダイレクトブルー 71	$C_{40}H_{23}N_7Na_4O_{13}S_4$	86
多硫化アンモニウム	$(NH_4)_2S_x$	18
テトラヒドロキソスズ(II)酸ナトリウム	$Na_2[Sn(OH)_4]$	16
トリス(オキサラト)鉄(III)酸カリウム三水和物	$K_3[Fe(C_2O_4)_3]\cdot 3H_2O$	70
o-ニトロアニリン	$o\text{-}O_2NC_6H_4NH_2$	35
m-ニトロアニリン	$m\text{-}O_2NC_6H_4NH_2$	35
p-ニトロアニリン	$p\text{-}O_2NC_6H_4NH_2$	35
ビス(ジメチルグリオキシマト)ニッケル	$[Ni(dmg)_2]$	22
フェノールフタレイン	$C_{20}H_{14}O_4$	40
フェノール(類)	C_6H_5OH	29
2-ブタノール	$CH_3CH_2CH(OH)CH_3$	63
プロトカテク酸	$C_6H_3(OH)_2COOH$	29
1-プロパノール	$CH_3CH_2CH_2OH$	63
ヘキサニトロコバルト酸(III)カリウム	$K_3[Co(NO_2)_6]$	22
没食子酸	$C_6H_2(OH)_3COOH$	29
マラカイトグリーン	$C_{23}H_{25}N_2Cl$	31
メチルオレンジ	$C_{14}H_{14}N_3NaO_3S$	40
2-メチル-2-プロパノール	$(CH_3)_3COH$	63
N,N'-メチレンビスアクリルアミド	$(CH_2=CHCONH)_2CH_2$	90
メチレンブルー	$C_{16}H_{18}N_3SCl\cdot 3H_2O$	31
ヨウ素	I_2	35
硫酸鉄(II)七水和物	$FeSO_4\cdot 7H_2O$	90
硫酸化銅(II)五水和物	$CuSO_4\cdot 5H_2O$	86

新基礎化学実験

第1版第1刷 2002年3月30日	編 者　化学教科書研究会
第18刷 2022年9月10日	発行者　曽根 良介

検印廃止

JCOPY　〈出版者著作権管理機構委託出版物〉

本書の無断複写は著作権法上での例外を除き禁じられています．複写される場合は，そのつど事前に，出版者著作権管理機構（電話 03-5244-5088，FAX 03-5244-5089，e-mail: info@jcopy.or.jp）の許諾を得てください．

本書のコピー，スキャン，デジタル化などの無断複製は著作権法上での例外を除き禁じられています．本書を代行業者などの第三者に依頼してスキャンやデジタル化することは，たとえ個人や家庭内の利用でも著作権法違反です．

発行所　(株)化学同人
〒600-8074　京都市下京区仏光寺通柳馬場西入ル
編集部　Tel 075-352-3711　Fax 075-352-0371
営業部　Tel 075-352-3373　Fax 075-351-8301
　　　　振替　01010-7-5702
e-mail　webmaster@kagakudojin.co.jp
URL　https://www.kagakudojin.co.jp
印刷・製本　(株)太洋社

Printed in Japan　無断転載・複製を禁ず
© Kagaku Kyokasho Kenkyukai　2002

ISBN978-4-7598-0908-4
乱丁・落丁本は送料小社負担にてお取りかえします．